臺東地區藥用植物圖鑑

Illustration of Medicinal Plants in Taitung

臺東縣藥用植物學會
中華民國九十九年十一月編印

縣長的話

　　臺東是藥草的故鄉，也是天然的藥用植物園。因得天獨厚，臺東在日據時代成為藥草栽種地，同時也是藥草育苗及研究中心，從知本溫泉附近樂山的舊地名為"藥"山，就知道當年日本人滿山種植的盛況，種類更多達數百種，其中金雞納樹、千金藤曾經是瘧疾及肺結核患者的救命仙丹，讓臺東藥山名勝一時，可知藥用植物與臺東的淵源。

　　即使現在西醫盛行，但藥用植物仍是我們生活中不可或缺的保健良品，它可以入膳、入浴，更是養生的最佳食材，我們突破傳統，將本土藥用植物與西方香草結合，開發成符合現代人需求的隨身包，即沖即飲成為我們生活中的一部分，如：魚腥草茶、香椿茶、枸杞茶、白鶴靈芝茶……等，都是深受市場喜愛的茶包種類。

　　感謝臺東縣藥用植物學會的用心，編輯圖文並茂的「臺東地區藥用植物圖鑑」，讓讀者透過精彩照片、通俗的文字就能深入淺出走進奧妙的藥草園地，了解臺東常見的100種藥用植物，輕鬆地在生活中巧妙運用，提升免疫力，讓身體更為健康。

　　臺東是提倡健康、運動的城市，也是追求幸福滿分的城市，將藥草巡禮與觀光旅遊結合的套裝行程，想必是最優質的休閒活動，歡迎大家按圖索驥一起探訪臺東，尋找有益身心的良方。

臺東縣縣長　黃健庭

中華民國九十九年十一月

理事長序

　　本會成立迄今已逾十二個年頭，在全體會員的鼎力熱忱支持下，各項會務的推動，均獲政府與民間的肯定；諸如連續承辦數屆的「臺灣藥草節」活動，已成為眾所矚目的臺東每年盛事。猶如巴西的嘉年華會一樣，每到秋高氣爽的季節，全國各地的藥草達人，都會聚集在這純淨的臺東，來「高峰論談」一番，而相關的產業亦藉此而往上成長。

　　臺東位於臺灣的東南偶，係亞熱帶與熱帶交接過度區，馬尼亞納海溝亦沿著海岸線平行分佈，再者土壤的種類亦為多元，在這種條件下孕育了種類豐富的多樣化原生藥用植物，依各學術單位的調查：保守估計至少有1000種之多，且有多種係特有或族群量較大的，如青脆枝、千金藤、烏芙蓉、大薊等。因此日據時代即把臺東規劃為藥草栽培與發展的重鎮，當時從知本到大武即栽培了700多公頃的金雞納樹與千金藤等功能特殊的「臺東原生藥草」，而知本山區因而被稱為「藥山」，諸此等等將臺東列為「臺灣藥草的故鄉」是不為過的。

　　為了讓社會大眾能深一層認識臺東原生藥用植物種類的多樣性並進一步加以適當應用以及有助於藥草產業的發展，逐年彙編屬於臺東原生種實用型的圖鑑，自然而然，已成為本會的責任與使命，基於是項緣由，在本會理監事及各前輩的認可與努力下，終於完成了撰稿的任務，同時亦感謝臺灣省藥用植物學會創會理事長鍾錠全老師的專業校正，黃世勳博士提供有關辨識、採收、加工與應用等寶貴資料，以及創立生技公司原生應用植物園的經費支應下，終於於今年(九十九年)的藥草節前能付梓出版，謹此對各界前輩的幫忙，本會各先進的努力敬表萬分的謝忱，更希望是項工作能永續下去，謹此為序，謝謝。

臺東縣藥用植物學會

理事長 李画臣 謹識

中華民國九十九年十一月

推薦序

　　臺灣因為氣候的特殊性，全島所孕育的藥用植物種類相當豐富，行政院衛生署中醫藥委員會所編印《臺灣藥用植物資源名錄》(2003年第1版)即收載2583種臺灣地區可見藥用植物，這些種類除了臺灣原生植物外，還包括許多外來植物，但它們都是因為對於臺灣環境適應而生存在這寶島上的。面臨大陸進口到臺灣的中藥材價格頻頻高漲，而中草藥對於國人養生保健又有其不可或缺的地位，所以，如何發展臺灣本土藥用植物之應用，以免除進口藥材價格波動之窘境，已是當前政府、業者或民間相關團體的一項重要課題。

　　而發展臺灣本土藥材，首先要先了解臺灣寶島之藥用植物資源，本人多年來致力於臺灣藥用植物資源之調查，先後出版發行相關圖書近20冊，內容從植物基本形態、藥材辨識至臨床應用皆可見，而這些努力無非是希望透過文獻的保留，將臺灣這塊土地上「老祖宗的藥草知識」傳承給下一代。

　　近年來，我恰有機會受臺東區農業改良場數次邀請，為農民朋友講授保健植物相關課程，這使我有機會在臺東這塊土地上多駐足，我真能體驗到外界對於臺東「好山好水」之讚美。或許是機緣吧！有一次我到臺東時，還為了躲雨而跑到民宅避雨，恰巧遇見一位婆婆，她還熱心的告訴我許多偏方，例如：魚腥草為肺藥、龍眼根能降血糖等。我想臺東除了有好環境可培育優質的藥用植物，居民對於中草藥的實踐精神更是可貴，臺灣本土藥用植物的應用發展，「臺東」絕對是最好的起點。

　　幾個月前，臺東縣藥用植物學會吳總幹事天雄先生為了此書出版事宜與我聯繫，當時我真的很感動，當我拿到書稿時，從文字中我可想見全體編輯委員之用心，他們將其對於中草藥的實踐經驗融注於全書中，也將他們對於植物的觀察、栽培詳細記載，這在全國各民間相關團體是項罕見的創舉。本書的書名雖為《臺東地區藥用植物圖鑑》，但它其實是《臺灣本草(臺東篇)》，相信此書的問世，也為未來《臺灣本草》(專門記載臺灣本地藥用植物之藥書)進行催生。本人感佩臺東縣藥用植物學會幹部在會務繁忙之餘，還能完成如此大作，實屬不易，成書即將問世，在此為序以表推薦。

弘光科技大學助理教授

黃世勳　謹識

中華民國九十九年十一月

編輯感言

本書在臺東縣藥用植物學會創會理事長鍾國慶先生、總幹事吳茂雄先生，以及現任理事長李興進先生熱心的策劃下，先後集合全體理監事及熱心工作的同好，開了好多次的籌備會議，最後決定成立編輯委員會，共同商討編輯事項及內容。

由本會理事長及總幹事聘請經驗豐富者為編輯委員：李興進、鍾國慶、李明義、吳茂雄、陳進分、陳清新、徐元嬌、謝松雄、鍾華盛、呂緒宇、黃小三、林忠明、劉昌榮、陳忠和等，並聘請李興進先生為召集人兼審稿，感謝臺灣省藥用植物學會創會理事長鍾錠全先生、中國醫藥大學黃世勳博士之進一步指導審閱，始得以付梓編印。

本書匯集了各編輯委員的寶貴經驗，書前有黃世勳博士提供之藥用植物必備知識，正文則介紹臺東地區實用藥用植物100種，而藥用植物之排列則依《臺灣植物誌(第2版)》之各科順序編排，每種藥用植物內容依(1)名稱(2)學名(3)科別(4)別名(5)植株形態(6)生態環境(7)使用部位(8)性味功能(9)經驗處方(10)注意事項(11)成分分析等逐項說明介紹，並附彩色圖片以利讀者們之學習辨識。書末並有中文索引及外文索引，前者依首字筆劃順序排列，後者依首字字母順序排列，更方便讀者們的檢索查閱。

在此我們謹代表本會全體用心致力研究保健與藥用植物的同好們，向各位參與此次編輯的前輩專家、學者們致上最高謝意。本會為了保存推廣各位先進畢生累積之經驗，及將中草藥資訊保留，以供有心學習之後進參考，在人力物力財力都缺乏的臺東地區，以排除萬難的精神，在吳茂雄總幹事的到處奔波，籌集經費下，終於獲得臺東縣政府、林務局臺東林管處的支持，近期並獲創立生物科技公司的贊助，才使這本《臺東地區藥用植物圖鑑》得以誕生。

由於全體編輯委員，通力合作，進行採集、探索、拍照、整理等工作，籌備時間匆促，疏漏之處在所難免，我們謹以去蕪存菁及廣納高見的心情，接受各界先進的指導與建議。相信此書的出版，將可幫助各界對臺東地區藥用植物，更進一步的認識，藉此也感謝大家對臺東縣藥用植物學會的支持與鼓勵，讓我們更加努力，使臺灣寶島未來能成為一個中草藥的科技島，提升藥用植物之應用價值，促進全民的健康與幸福。

臺東縣藥用植物學會
《臺東地區藥用植物圖鑑》全體編輯委員 敬上
中華民國九十九年十一月

目　錄

藥用植物
必備知識

藥用植物之形態術語

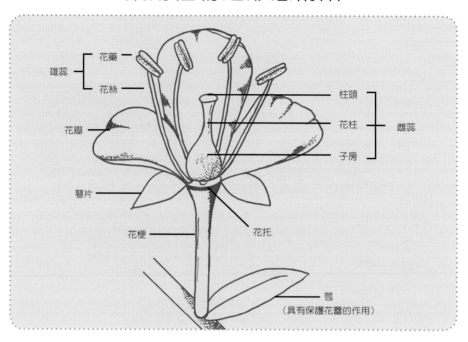

一、花的組成

　　包括花梗、花托、萼片、花瓣、雄蕊、雌蕊等。其中雄蕊和雌蕊是花中最重要的部分，具生殖功能。全部花瓣合稱花冠，通常色澤豔麗。全部萼片合稱花萼，位於花之最外層，常為綠色。花萼與花冠則合稱花被，具保護和引誘昆蟲傳粉等作用，一般於花萼及花冠形態相近混淆時，才使用「花被」作為代用名詞，例如：百合科植物之花萼常呈花瓣狀，所以，描述該科植物之花時，多以「花被6枚，呈內外2輪」之字樣，而極少單獨以「花萼」(前述之外輪花被)或「花冠」(前述之內輪花被)作為用詞。花梗及花托則有支持作用。

※子房位置：即子房和花被、雄蕊之相對

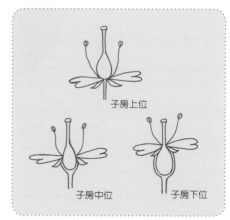

位置,子房位於花被與雄蕊連接處之上方者稱子房上位,若子房位於下方者稱子房下位,而子房位置居中間者稱子房中位。其演化順序乃依上位、中位至下位。

二、花冠種類

可粗分為離瓣花冠及合瓣花冠兩類,前者之花瓣彼此完全分離,這類花則稱離瓣花;後者之花瓣彼此連合,這類花則稱合瓣花,但未必完全連合,此時連合部分稱花冠筒,分離部分稱花冠裂片。花冠常有多種形態,有的則為某類植物獨有的特徵,常見者有下列幾種:

1. 十字形花冠:花瓣4枚,分離,上部外展呈十字形,如:十字花科植物。

2. 蝶形花冠:花瓣5枚,分離,上面一枚位於最外方且最大稱旗瓣,側面二枚較小稱翼瓣,最下面二枚其下緣通常稍合生,並向上彎曲稱龍骨瓣。如:豆科中蝶形花亞科(Papilionoideae)植物等。

3. 唇形花冠:花冠基部筒狀,上部呈二唇形,如:唇形科植物。

4. 管狀花冠:花冠合生成管狀,花冠筒細長,如:菊科植物的管狀花。

5. 舌狀花冠:花冠基部呈一短筒,上部向一側延伸成扁平舌狀,如:菊科植物的舌狀花。

6. 漏斗狀花冠:花冠筒較長,自下向上逐漸擴大,上部外展呈漏斗狀,如:旋花科植物。

7. 高腳碟狀花冠:花冠下部細長管狀,上部水平展開呈碟狀,如:長春花。

8. 鐘狀花冠:花冠筒寬而較短,上部裂片擴大外展似鐘形,如:桔梗科植物。

十字形花冠　　　蝶形花冠

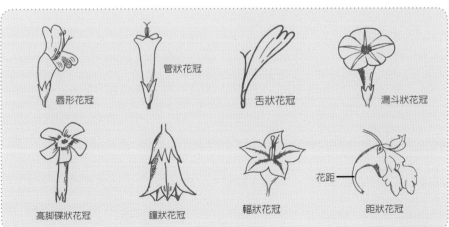

唇形花冠　　管狀花冠　　舌狀花冠　　漏斗狀花冠

高腳碟狀花冠　　鐘狀花冠　　輻狀花冠　　花距　　距狀花冠

9.輻狀(或稱輪狀)花冠：花冠筒甚短而廣展，裂片由基部向四周擴展，形似車輪狀，如：龍葵、番茄等部分茄科植物。

10.距狀花冠：花瓣基部延長成管狀或囊狀，如：鳳仙花科植物。

三、花序種類

花序指花在花軸上排列的方式，但某些植物的花則單生於葉腋或枝的頂端，稱單生花，如：扶桑、洋玉蘭、牡丹等。花序的總花梗或主軸，稱花序軸(或花軸)，花序軸可以分枝或不分枝。花序上的花稱小花，小花的梗稱小花梗。依花在花軸上排列的方式及開放順序，可將花序分類如下：

(一)無限花序：

即在開花期內，花序軸頂端繼續向上成長，並產生新的花蕾，而花的開放順序是花序軸基部的花先開，然後逐漸向頂端開放，或由邊緣向中心開放，稱之。

1.穗狀花序：花序軸單一，小花多數，無梗或梗極短，如：車前草、青箱等。

2.總狀花序：似穗狀花序，但小花明顯有梗，如：毛地黃、油菜等。

3.葇荑花序：似穗狀花序，但花序軸下垂，各小花單性，如：構樹、小葉桑的雄花序。

4.肉穗花序：似穗狀花序，但花序軸肉質肥大呈棒狀，花序外圍常有佛焰花苞保護，如：半夏、姑婆芋等天南星科植物。

5.繖房花序：似總狀花序，但花梗不等長，下部者最長，向上逐漸縮短，使整個花序的小花幾乎排在同一平面上，如：蘋果、山楂等。

6.繖形花序：花序軸縮短，小花著生於總花梗頂端，小花梗幾乎等長，整個花序排列像傘形，如：人參、五加等。

7.頭狀花序：花序軸極縮短，頂端並膨大成盤狀或頭狀的花序托，其上密生許多

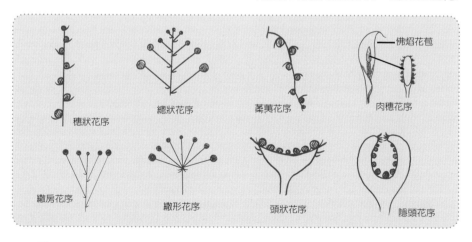

穗狀花序　　總狀花序　　葇荑花序　　佛焰花苞　肉穗花序

繖房花序　　繖形花序　　頭狀花序　　隱頭花序

圓錐花序　　　　複繖形花序

無梗小花，下面常有1至數層苞片所組成的總苞，如：菊花、向日葵、咸豐草等菊科植物。

8. 隱頭花序：花序軸肉質膨大且下凹，凹陷內壁上著生許多無柄的單性小花，只留一小孔與外界相通，如：薜荔、無花果、榕樹等榕屬(*Ficus*)植物。

　　上述花序的花序軸均不分枝，但某些無限花序的花序軸則分枝，常見的有圓錐花序及複繖形花序，前者在長的花序軸上分生許多小枝，每小枝各自形成1個總狀花序或穗狀花序，整個花序呈圓錐狀，如：芒果、白茅等；後者之花序軸頂端叢生許多幾乎等長的分枝，各分枝再各自形成1個繖形花序，如：柴胡、胡蘿蔔、芫荽等。

(二)有限花序：

　　花序軸頂端的小花先開放，致使花序無法繼續成長，只能在頂花下面產生側軸，各花由內而外或由上向下逐漸開放，稱之。

1. 單歧聚繖花序：花序軸頂端生1朵花，先開放，而後在其下方單側產生1側軸，側軸頂端亦生1朵花，這樣連續分枝便形成了單歧聚繖花序。若分枝呈左右交替生出，而呈蠍子尾狀者，稱蠍尾

狀聚繖花序，如：唐菖蒲。若花序軸分枝均在同一側生出，而呈螺旋狀捲曲，稱螺旋狀聚繖花序，又稱卷繖花序，如：紫草、白水木、藤紫丹等。但有的學者亦稱螺旋狀聚繖花序為蠍尾狀，臺灣植物文獻幾乎都如此。

2. 二歧聚繖花序：花序軸頂花先開，在其下方兩側各生出1等長的分枝，每分枝以同樣方式繼續分枝與開花，稱二歧聚傘花序。如：石竹。

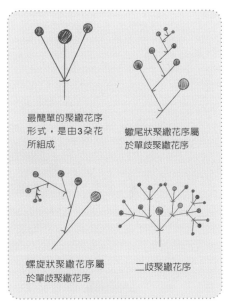

最簡單的聚繖花序形式，是由3朵花所組成

蠍尾狀聚繖花序屬於單歧聚繖花序

螺旋狀聚繖花序屬於單歧聚繖花序

二歧聚繖花序

3. 多歧聚繖花序：花序軸頂花先開，頂花下同時產生3個以上側軸，側軸比主軸長，各側軸又形成小的聚傘花序，稱多歧聚傘花序。若花序軸下另生有杯狀總苞，則稱為杯狀聚繖花序，簡稱杯狀花序，又因其為大戟屬(*Euphorbia*)特有的花序類型，故又稱

為大戟花序，如：猩猩木、大飛揚等，但該屬現又將葉對生者，獨立成地錦草屬(*Chamaesyce*)，大飛揚即為其中一例。

4. **輪繖花序**：聚繖花序生於對生葉的葉腋，而成輪狀排列，如：益母草、薄荷等唇形科植物。

四、果實

種類多樣，有的亦為某類植物獨有的特徵，其分類如下：

(一)依花的多寡所發育成的果實，可分為下列3類：

1. **單果**：由單心皮或多心皮合生雌蕊所形成的果實，即一朵花只結出1個果實。單果可分為乾燥而少汁的乾果及肉質而多汁的肉質果兩大類。乾果又分為成熟後會開裂的與不開裂的兩類。

2. **單花聚合果**：由1朵花中許多離生心皮雌蕊形成的

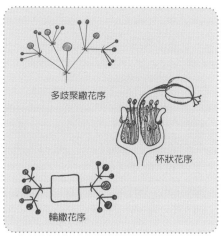

多歧聚繖花序

杯狀花序

輪繖花序

果實，每個雌蕊形成1個單果，聚生於同一花托上，簡稱聚合果。而依其花托上單果類型的不同，可分為聚合蓇葖果，如：掌葉蘋婆、八角茴香；聚合瘦果，如：毛茛、草莓；聚合核果，如：懸鉤子類；聚合堅果，如：蓮；聚合漿果，如：南五味。

蓮的果實屬於單花聚合果中的聚合堅果

3. **多花聚合果**：由整個花序(多朵花)發育成的果實，簡稱聚花果，又稱複果，如：鳳梨、桑椹。而桑科榕屬的隱頭果亦屬此類，如：無花果、薜荔。

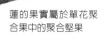

桑椹屬於多花聚合果

蓖麻果實屬於單果，且為成熟後會開裂的乾果

(二)開裂的乾果主要有：

1. **菁葖果**：由單一心皮或離生心皮所形成，成熟後僅單向開裂。但1朵花只形成單個菁葖果的較少，如：淫羊藿；1朵花形成2個菁葖果的，如：長春花、鷗蔓；1朵花形成數個聚合菁葖果的，如：八角茴香、掌葉蘋婆。

2. **莢果**：由單一心皮所形成，成熟後常雙向開裂，其為豆科植物所特有的果實。但也有些成熟時不開裂的，如：落花生；有的在莢果成熟時，種子間呈節節斷裂，每節含1種子，不開裂，如：豆科的山螞蝗屬(*Desmodium*)植物；有的莢果呈螺旋狀，並具刺毛，如：苜蓿。

3. **角果**：由2心皮所形成，在生長過程中，2心皮邊緣合生處會生出隔膜，將子房隔為2室，此隔膜稱假隔膜，種子著生在假隔膜兩側，果實成熟後，果皮沿兩側腹縫線開裂，呈2片脫落，假隔膜仍留於果柄上。角果依長度還分為長角果(如：蘿蔔、西洋菜)及短角果(如：薺菜)，其為十字花科植物所特有的果實。

4. **蒴果**：由多心皮所形成，子房1至多室，每室含多數種子，成熟時以種種方式開裂。

5. **蓋果**：為一種蒴果，果實成熟時，由中部呈環狀開裂，上部果皮呈帽狀脫落，此稱蓋裂，如：馬齒莧、車前草等。

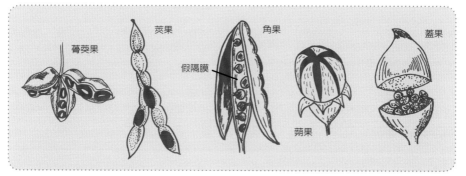

(三)不開裂的乾果主要有：

1. **瘦果**：僅具有單粒種子，成熟時果皮易與種皮分離，不開裂，如：白頭翁；菊科植物的瘦果是由下位子房與萼筒共同形成的，稱連萼瘦果，又稱菊果，如：蒲公英、向日葵、大花咸豐草等。

2. **穎果**：果實內亦含單粒種子，果實成熟時，果皮與種皮癒合，不易分離，其為禾本科植物所特有的果實，如：

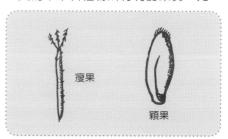

稻、玉米、小麥等。

3. 堅果：種子單一，並具有堅硬的外殼(果皮)。而殼斗科植物的堅果，常有由花序的總苞發育成的殼斗附著於基部，如：青剛櫟、油葉石櫟、栗子等。但某些植物的堅果特小，無殼斗包圍，稱小堅果，如：益母草、薄荷、康復力等。

4. 翅果：具有幫助飛翔的翼，翼有單側、兩側或沿著週邊產生，果實內含1粒種子，如：槭樹科植物。

5. 雙懸果：由2心皮所形成，果實成熟後，心皮分離成2個分果，雙雙懸掛在心皮柄上端，心皮柄的基部與果梗相連，每個分果各內含1粒種子，如：當歸、小茴香、蛇床子等。雙懸果為繖形科植物特有的果實。

6. 胞果：由合生心皮雌蕊上位子房所形成，果皮薄，膨脹疏鬆地包圍種子，而使果皮與種皮極易分離，如：臭杏、裸花鹼蓬、馬氏濱藜等。

(四)肉質果類：

果皮肉質多漿，成熟時不裂開。

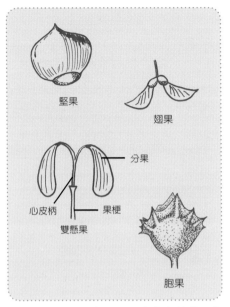

1. 漿果：由單心皮或多心皮合生雌蕊，上位或下位子房發育形成的果實，外果皮薄，中果皮及內果皮肉質多漿，內有1至多粒種子，如：枸杞、番茄等。

2. 柑果：為漿果的一種，由多心皮合生雌蕊，上位子房形成的果實，外果皮較厚，革質，內富含具揮發油的油室，中果皮與外果皮結合，界限不明顯，中果

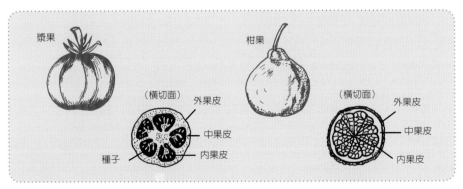

皮疏鬆，白色海綿狀。內果皮多汁分瓣，即為可食部分。柑果為芸香科柑橘屬（*Citrus*）所特有的果實，如：柳丁、柚、橘、檸檬等。

3. 核果：由單心皮雌蕊，上位子房形成的果實，內果皮堅硬、木質，形成堅硬的果核，每核內含1粒種子。外果皮薄，中果皮肉質。如：桃、梅等。

4. 梨果：為一種假果，由5個合生心皮、下位子房與花筒一起發育形成，肉質可食部分是原來的花筒發育而成的，其與外、中果皮之間界限不明顯，但內果皮堅韌，故較明顯，常分隔成2～5室，每室常含種子2粒，如：梨、蘋果、山楂等。

5. 瓠果：為一種假果，由3心皮合生雌蕊，具側膜胎座的下位子房與花托一起發育形成的，花托與外果皮形成堅韌的果實外層，中、內果皮及胎座肉質部分，則成為果實的可食部分。瓠果為葫蘆科特有的果實，如：絲瓜、冬瓜、羅漢果等。

> **編 語**
>
> 植物果實的發育過程，花的各部分會發生很大的變化，花萼、花冠一般脫落，雌蕊的柱頭、花柱以及雄蕊也會先後枯萎脫落，然後胚珠發育成種子，子房逐漸增大發育成果實。而由子房發育成的果實稱真果，如：桃、橘、柿等。但某些植物除子房外，花的其他部分（如：花被、花柱及花序軸等）也會參與果實的形成，這類果實則稱假果，如：無花果、鳳梨、梨、山楂等。

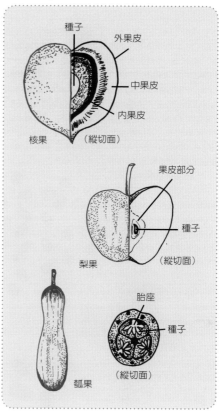

種子
外果皮
中果皮
內果皮
核果　（縱切面）

果皮部分
種子
梨果　（縱切面）

胎座
種子
瓠果　（縱切面）

五、種子

由植物之胚珠受精後發育而成的，其形狀、大小、顏色、光澤、表面紋理、附屬物等會隨植物種類不同而異，有時亦可作為植物特徵之一。

1. 形狀：有圓形、橢圓形、腎形、卵形、圓錐形、多角形等。

2. 大小：差異有時相當懸殊，較大種子有檳榔、銀杏、桃、杏等；較小的種子有菟絲子、葶藶子等；極小的有白芨、天麻等。

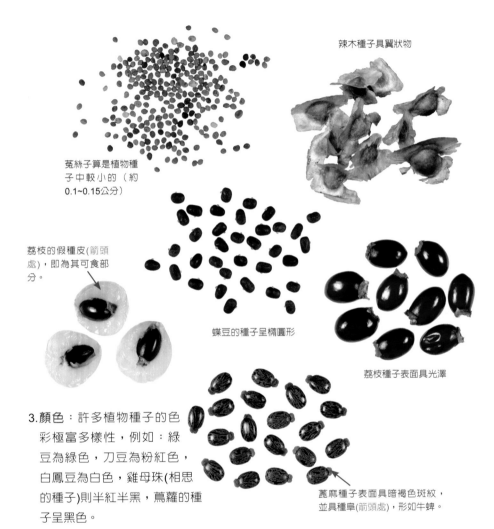

辣木種子具翼狀物

菟絲子算是植物種子中較小的（約0.1~0.15公分）

荔枝的假種皮(箭頭處)，即為其可食部分。

蝶豆的種子呈橢圓形

荔枝種子表面具光澤

蓖麻種子表面具暗褐色斑紋，並具種阜(箭頭處)，形如牛蜱。

3. **顏色**：許多植物種子的色彩極富多樣性，例如：綠豆為綠色，刀豆為粉紅色，白鳳豆為白色，雞母珠(相思的種子)則半紅半黑，蔦蘿的種子呈黑色。

4. **光澤**：有的表面光滑，如：孔雀豆、望江南、荔枝；有的表面粗糙，如：天南星。

5. **表面紋理**：蓖麻種子表面具暗褐色斑紋，倒地鈴種子表面具白色心形圖案。

6. **具附屬物**：黑板樹種子具毛狀物，辣木種子具翼狀物，木棉種子密被棉毛。

7. **其他**：有的種皮外尚有假種皮，且呈肉質，如：龍眼、荔枝；某些植物的外種皮，在珠孔處由珠被擴展形成海綿狀突起物，稱種阜，如：蓖麻、巴豆。

六、根

有吸收、輸導、支持、固著、貯藏及繁殖等功能，具有向地性、向濕性和背光性等特點，其吸收作用主要靠根毛或根的幼嫩部分進行，根通常呈圓柱形，生長在土壤中，形態上，根無節和節間之分，一般不生芽、葉及花，細胞中也不含葉綠體。

(一)根之類型：

1. 主根及側根：植物最初長出的根，乃由種子的胚根直接發育而來的，這種根稱為主根。在主根側面所長出的分枝，則稱側根。在側根上再長出的小分枝，稱纖維根。

2. 定根及不定根：此乃依據根的發生起源來分類。主根、側根與纖維根都是直接或間接由胚根生長出來的，具固定的生長部位，故稱為定根，如：人參、甘草、黃耆的根。但某些植物的根並不是直接或間接由胚根所形成的，而是從其莖、葉或其他部位長出的，這些根的產生沒有一定的位置，故稱不定根，如：玉蜀黍、稻、麥的主根於種子萌發後

假人參的根系屬於直根系，其各級根之間的界限相當明顯。

不久即枯萎，而另從其莖的基部節上長出許多相似的鬚根來，這些根即為不定根。

3. 根系形態：植物地下部分所有根的總和稱為根系，分為兩類：(1)直根系：由主根、側根以及各級的纖維根共同組成，其主根發達粗大，主根與側根的界限也非常明顯，多見於雙子葉植物、裸子植物中；(2)鬚根系：由不定根及其分枝的各級側根組成，其主根不發達或早期死亡，而從莖的基部節上長出許多相似的不定根，簇生成鬚鬚狀，無主次之分，多見於單子葉植物中。

(二)根之變態：

植物為了適應生活環境的變化，在根的形態、構造上，往往產生了許多變態，常見的有下列幾種：

1. 貯藏根：根的部分或全部形成肥大肉質，其內存藏許多營養物質，這種根稱貯藏根，其依形態不同可分為：

(1) 肉質直根：由主根發育而成，每株植物只有一個肉質直根。有的肥大呈圓錐形，如：蘿蔔、白芷；有的肥大呈圓球形，如：蕪菁；有的肥大呈圓柱形，如：丹參。

(2) 塊根：由不定根或側根發育而成，故每株植物可能形成多個塊根，如：麥門冬、天門冬、粉藤、萱草等。

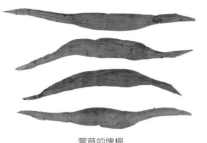

萱草的塊根

2.支持根：自莖上產生的不定根，深入土中，以加強支持莖幹的力量，如：玉蜀黍、甘蔗等。

3.氣生根：自莖上產生的不定根，不深入土中，而暴露於空氣中，它具有在潮濕空氣中吸收及貯藏水分的能力，如：石斛、榕樹等。

4.攀緣根：攀緣植物在莖上長出不定根，能攀附牆垣、樹幹或它物，又稱附著根，如：薜荔、常春藤等。

5.水生根：水生植物的根呈鬚狀，飄浮於水中，如：浮萍、水芙蓉等。

6.寄生根：寄生植物的根插入寄主莖的組織內，吸取寄主體內的水分和營養物質，以維持自身的生活。如：菟絲、列當、桑寄生等。但寄主若有毒，寄生植物亦可通過寄生根的吸收作用，把有毒成分帶入其體內，如：馬桑寄生。

七、莖

有輸導、支持、貯藏及繁殖等功能，通常生長於地面以上，但某些植物的莖生於地下，如：薑、黃精等。有些植物的莖則極短，葉由莖生出呈蓮座狀，如：蒲公英、車前草等。有些植物的莖能貯藏水分和營養物質，如：仙人掌的肉質莖貯存大量的水分，甘蔗的莖貯存蔗糖，芋的塊莖貯存澱粉。形態上，莖有節和節間之分，可與根區別。

(一)莖之類型：

1.依莖的質地分類：

(1) 木質莖：莖質地堅硬，木質部發達，這類植物稱木本植物。一般又分為3類：(a)若植株高大，具明顯主幹，下部少分枝者，稱喬木，如：杜仲、銀樺等；(b)若主幹不明顯，植株矮小，於近基部處發生出數個叢生的植株，稱灌木，如：白蒲姜、杜虹花等；(c)若介於木本及草本之間，僅於基部木質化者，稱亞灌木或半灌木，如：貓鬚草。

(2) 草質莖：莖質地柔軟，木質部不發達，這類植物稱草本植物。常分為3類：(a)若於1年內完成其生長發育過程者，稱1年生草本，如：紅花、馬齒莧等；(b)若在第2年始完成其生長發育過程者，稱2年生草本，如：蘿蔔；(c)若生長發育過程

編 語

多年生草本植物若地上部分某個部分或全部死亡，而地下部分仍保有生命力者，稱宿根草本，如：人參、黃連等；當植物保持常綠，若干年皆不凋者，稱常綠草本，如：闊葉麥門冬、萬年青等。

超過2年者，稱多年生草本。

(3) 肉質莖：莖質地柔軟多汁，肉質肥厚者，如：仙人掌、蘆薈等。

2. 依莖的生長習性分類：

(1) 直立莖：直立生長於地面，不依附它物的莖，如：杜仲、紫蘇等。

(2) 纏繞莖：細長，自身無法直立，需依靠纏繞它物作螺旋狀上升的莖。其中呈順時針方向纏繞者，如：葎草；呈逆時針方向纏繞者，如：牽牛花；有的則無一定規律，如：獼猴桃。

(3) 攀緣莖：細長，自身無法直立，需依靠攀緣結構依附它物上升的莖。其中攀緣結構為莖卷鬚者，如：葡萄科、葫蘆科、西番蓮科植物；攀緣結構為葉卷鬚者，如：豌豆、多花野豌豆；攀緣結構為吸盤者，如：地錦；攀緣結構是鈎或刺者，如：鈎藤；攀緣結構是不定根者，如：薜荔。

(4) 匍匐莖：細長平臥地面，沿地面蔓延生長，節上長有不定根者，如：金錢薄荷、雷公根、蛇莓。若節上無不定根者，稱平臥莖，如：蒺藜。

金錢薄荷的莖屬於匍匐莖

薑屬於根狀莖

> **編 語**
>
> 凡具上述纏繞莖、攀緣莖、匍匐莖或平臥莖者，即為藤本植物，又依其質地分為草質藤本或木質藤本。

(二) 莖之變態：

1. 地下莖之變態：

(1) 根狀莖：常橫臥地下，節和節間明顯，節上有退化的鱗片葉，具頂芽和腋芽，簡稱根莖。有的植物根狀莖短而直立，如：人參的蘆頭；有的植物根狀莖呈團塊狀，如：薑、川芎、薑黃等；有的植物根狀莖細長，如：白茅、魚腥草等。

魚腥草的根狀莖細長，節和節間明顯。

薑黃的地下莖亦屬於根狀莖

(2) 塊莖：肉質肥大，呈不規則塊狀，與塊根相似，但有很短的節間，節上具芽及鱗片狀退化葉或早期枯萎脫落，如：馬鈴薯。

(3) 球莖：肉質肥大，呈球形或稍扁，具明顯的節和縮短節間，節上有較大的膜質鱗片，頂芽發達，腋芽常生於其上半部，基部具不定根。如：荸薺。

荸薺屬於球莖

(4) 鱗莖：球形或稍扁，莖極度縮短(稱鱗莖盤)，被肉質肥厚的鱗葉包圍，頂端有頂芽，葉腋有腋芽，基部生不定根，如：洋蔥、韭蘭。

2. 地上莖之變態：

(1) 葉狀莖：莖變為綠色的扁平狀，易被誤認為葉，如：竹節蓼。

(2) 刺狀莖：莖變為刺狀，粗短堅硬不分枝或分枝，如：卡利撒。

(3) 鈎狀莖：通常鈎狀，粗短、堅硬無分枝，位於葉腋，由莖的側軸變態而成，如：鈎藤。

鈎藤藥材屬於鈎狀莖

(4) 莖卷鬚：見於具

攀緣莖的植物，莖變為卷鬚狀，柔軟捲曲，如：野苦瓜。

(5) 小塊莖：有些植物的腋芽常形成小塊莖，形態與塊莖相似，具繁殖作用，如：山藥類的零餘子、藤三七的珠芽。

恆春山藥之零餘子屬於小塊莖

(三)重要名詞解釋：

(1) 節：莖上著生葉和腋芽的部位。

(2) 節間：節與節之間。

(3) 葉腋：葉著生處，葉柄與莖之間的夾角處。

(4) 葉痕：葉子脫落後，於莖上所留下的痕跡。

筆筒樹的莖幹具有明顯的葉痕(箭頭處)

托葉

葉片

葉柄

葉的組成(圖例為長梗紫苧麻)

(5) 托葉痕：
托葉脫落後，
於莖上所留下
的痕跡。

烏心石屬於木
蘭科植物，其
節處具有明顯
的托葉痕(前頭
處)。

(6) 皮孔：
莖枝表面隆起呈
裂隙狀的小孔，多呈淺褐色。

(7) 稈：禾本科植物(如：麥、稻、竹)
的莖中空，且具明顯的節，特稱
之。

八、葉

通常具有交換氣體、蒸散作用及進行
光合作用以製造養分等功能，而少數植物

的葉則具繁殖作用，如：秋海
棠、石蓮花等。

(一)葉的組成

包括葉片、葉柄及托葉等3部
分，其中葉片為葉的主要部分，常為綠
色的扁平體，有上、下表面之分，葉片
的全形稱葉形，頂端稱葉尖，基部稱葉
基，周邊稱葉緣，而葉片內分布許多葉
脈，其內皆為維管束，有輸導及支持作
用。葉柄常呈圓柱形，半圓柱形或稍扁
形，上表面多溝槽。托葉是葉柄基部的附
屬物，常成對著生於葉柄基部兩側，其形
狀呈多樣化，具有保護葉芽之作用。

(二)葉片形狀

此處的術語亦適用於描述萼片、花瓣

及其它扁平器官。

1.針形：細長而頂尖如針。

2.條形：長而狹，長約為寬的5倍以上，葉緣兩側約平行，上下寬度差異不大。

3.披針形：長約為寬的4～5倍，近葉柄1/3處最寬，向兩端漸狹。

4.倒披針形：與披針形位置顛倒之形狀。

5.鐮形：狹長形且彎曲如鐮刀。

6.橢圓形：長約為寬的3～4倍，葉緣兩側不平行而呈弧形，葉基與葉尖約相等。若葉緣兩側略平行，稱長橢圓形(或矩橢圓形)。若長為寬的2倍以下，稱寬橢圓形。

7.卵形：形如卵，中部以下較寬，且向葉尖漸尖細。

8.倒卵形：與卵形位置顛倒之形狀。

9.心形：形如心，葉基寬圓而凹。

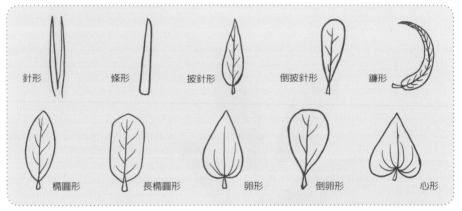

針形　條形　披針形　倒披針形　鐮形
橢圓形　長橢圓形　卵形　倒卵形　心形

10.倒心形：與心形位置顛倒之形狀。

11.腎形：葉片短而闊，葉基心形，葉片狀如腎臟形。

12.圓形：形呈滾圓形者。

13.三角形：形似等邊三角形，葉基呈寬截形而至葉尖漸尖。

14.菱形：葉身中央最寬闊，上、下漸尖細，葉片成菱形者。

15.匙形：倒披針狀，但葉尖圓似匙部，葉身下半部則急轉狹窄似匙柄。

倒心形　腎形　圓形　三角形　菱形

16.箭形：形似箭前端之尖刺。

17.鱗形：小而薄，形狀不定。

18.提琴形：葉身中央緊縮變窄細，狀如
提琴者。

19.戟形：形似戟(古時槍頭有枝狀的利刃
兵器)。

20.扇形：先端寬圓，向下漸狹，形如
扇。

　　除了上述的葉片形狀外，還有許多植
物的葉並不屬於上述的任何一種類型，可
能是兩種形狀的綜合，如此就必須用其它
的術語予以描述，如：卵狀橢圓形、長橢
圓狀披針形等。

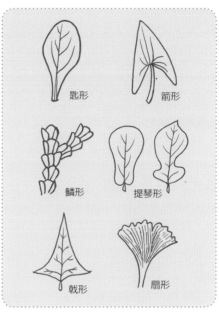

(三)葉尖形狀：

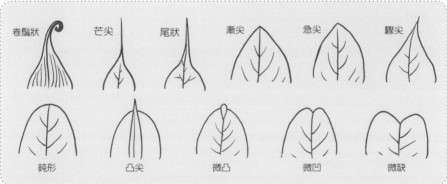

(四)葉基形狀：

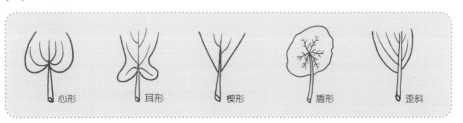

穿莖　 抱莖　 截形　 漸狹　 圓形

(五)葉緣種類

當葉片生長時，葉的邊緣生長若以均一速度進行，結果葉緣平整，稱全緣。但若邊緣生長速度不均，某些部位生長較快，有的生長較慢，甚至有的早已停止生長，其葉緣將不平整，而出現各種不同形的邊緣。

1. **波狀**：邊緣起伏如波浪。

2. **圓齒狀**：邊緣具鈍圓形的齒。

3. **牙齒狀**：邊緣具尖齒，齒端向外，近等長，略呈等腰 三角形。

4. **鋸齒狀**：邊緣具向上傾斜的尖銳鋸齒。若每一鋸齒上，又出現小鋸齒，則稱重鋸齒。

5. **睫毛狀**：邊緣有細毛。

 全緣　 波狀　 圓齒狀　 牙齒狀　 鋸齒狀　 睫毛狀

(六)葉片分裂

葉片的邊緣常是全緣或僅具齒或細小缺刻，但某些植物的葉片葉緣缺刻深而大，呈分裂狀態，常見的分裂型態有羽狀分裂、掌狀分裂及三出分裂3種。若依葉片裂隙的深淺不同，又可分為淺裂、深裂及全裂3種：

1. **淺裂**：葉裂深度不超過或接近葉片寬度的1/4。

2. **深裂**：葉裂深度一般超過葉片

三出淺裂　　三出深裂　　三出全裂

掌狀淺裂　　掌狀深裂　　掌狀全裂

寬度的1/4。

3. 全裂：葉裂幾乎達到葉的主脈，形成數
個全裂片。

(七)單葉及複葉

羽狀淺裂　　羽狀深裂　　羽狀全裂

　　植物的葉若1個葉柄上
只生1個葉片者，稱單葉。但
若1個葉柄上生有2個以上的葉
片者，稱複葉。複葉的葉柄稱
總葉柄，總葉柄以上著生葉
片的軸狀部分稱葉軸，複葉上
的每片葉子稱小葉，其葉柄稱
小葉柄。而根據複葉的小葉數
目和在葉軸上排列的方式不同，
可分為
下列幾種：

馬拉巴栗的葉屬
於掌狀複葉

　　2. 掌狀複葉：葉軸縮短，在
其頂端集生3片
以上小葉，呈掌
狀，如：掌葉蘋婆、
馬拉巴栗。

　　3. 羽狀複葉：葉軸
長，小葉在葉軸兩側
排列成羽毛狀。若其葉軸頂端
生有1片小葉，稱奇數羽狀複葉，如：
苦參。若其葉軸頂端具2片小葉，則稱
偶數羽狀複葉，如：望江南。若葉軸作
1次羽狀分枝，形成許多側生小葉軸，
於小葉軸上又形成羽狀複葉，稱二回羽
狀複葉，如：鳳凰木。二回羽狀複葉中
的第二級羽狀複葉(即小葉軸連同其上
的小葉)稱羽片。
若葉軸作

　　1.三出複葉：葉
軸上著生有3片
小葉的複葉。若頂
生小葉具有柄的，
稱羽狀三出複
葉，如：扁豆、
茄苳。若頂生小葉
無柄的，稱掌狀三出
複葉，如：半夏、
酢漿草等。

假木豆的葉屬於
羽狀三出複葉

飛龍掌血的葉屬
於掌狀三出複葉

黃連木的葉屬於
奇數羽狀複葉

二次羽狀分枝，在最後一次分枝上又形成羽狀複葉，稱三回羽狀複葉，如：南天竹、辣木等。三回羽狀複葉中的第三級羽片稱小羽片。

4. 單身複葉：葉軸上只具1個葉片，可能是由三出複葉兩側的小葉退化而形成翼狀，其頂生小葉與葉軸連接處，具一明顯的關節，如：柚子。

柚子的葉為單身複葉

(八)葉序種類

葉序指葉在莖或枝上排列的方式，常見有下列幾種：

1. 互生：在莖枝的每個節上只生1片葉子。

2. 對生：在莖枝的每個節上生有2片相對葉子。有的與相鄰的兩葉成十字排列成交互對生，如：薄荷。有的對生葉排列於莖的兩側成二列狀對生，如：女貞。

3. 輪生：在莖枝的每個節上著生3或3片以上的葉，如：硬枝黃蟬、黑板樹等。

4. 簇生：2片或2片以上的葉子著生短枝上成簇狀，又稱叢生，如：銀杏、臺灣五葉松等。

5. 基生：某些植物的莖極為短縮，節間不明顯，其葉看似從根上生出，又稱根生，如：黃鵪菜、車前草等。

上述為典型的葉序型態，但同一植物可能同時存在2種或2種以上的葉序，像桔梗的葉序有互生、對生及輪生，而梔子的葉序也有對生及輪生。

互生　　　對生　　　輪生　　　簇生　　　基生

藥用植物之採收

藥用植物採收時間之掌握，對其產量及質量有著重大的影響。因為不同的藥用部分都有著一定的成熟時期，有效成分的量各不相同，藥性的強弱也隨之有很大的差異。如茵陳(菊科植物)的變化，即是「春為茵陳夏為蒿，秋季拔了當柴燒」。《用藥法象》說：「根葉花實採之有時，失其時則性味不全」。而老師傅傳授學徒時，更是強調：「當季是藥，過季是草」，這些都說明了適時採收對保證藥材質量的重要性。藥材種類繁多，不同藥用部位採收季節也有差異，一般分為下列幾種情況：

一、根及根莖類藥材

通常於秋冬季節植物地上部分枯萎時及初春發芽前或剛露芽時採收為宜。此時植物生長緩慢，約處於休眠狀態，根及根莖中貯藏的各種營養物質最豐富，有效成分的含量較高，所以，此時採收根及根莖

秤飯藤頭藥材為火炭母草的根

類藥材質量較好。

二、枝葉類藥材

通常以花蕾將開(花前葉盛期)或正當花朵盛開時植物枝葉茂密的全盛期(一般約在6～7月間)採收最好。如：荷葉於荷花含苞欲放或盛開時採收加工乾燥的，顏色綠、質地厚、氣清香，質量較好。

三、花類藥材

通常需於花含苞欲放或初開時採收，若盛開後採收的花不但有效成分含量降低，影響療效，而且花瓣容易脫落，氣味散失，影響質量。如：槐花和槐米，同一植物來源，前者為已開放的花，後者為含苞欲放的花蕾，都具清熱、涼血、止血的功效，分別測定其有效成分蘆丁(rutin)的含量，槐米約23.5%，槐花約為13%，從某種意義來講，槐米藥用質量較槐花為優，用量小而效果好。

四、果實及種子類藥材

一般均在已經充分成長至完全成熟間採收，尤其是種子類，以免因果實過度成熟種子散落，不易收集。此時藥材本身貯存了一部分澱粉、脂肪、生物鹼、配醣體、有機酸等成分，又尚未用於供應種子有性繁殖時的營養消耗，相對的，有效成分含量較高，藥材質量較好。

五、全草類藥材

通常於植株充分成長，莖葉茂盛的花前葉盛期或花期採收，此時為植物生長的旺盛時期，有效成分含量最高。多年生草本植物割取地上部分即可，而一年生或較小植物則宜連根拔起入藥。

魚腥草藥材是以全草入藥

六、莖(藤木)類藥材

通常於植物生長最旺盛的花前葉盛期或盛花期採收，此時植物從根部吸收的養分或製造的特殊物質通過莖的輸導組織向上輸送，葉光合作用製造的營養物質由莖

菊花藤屬於莖(藤木)類藥材，其切面具有特殊的菊花紋路，極易辨別。

向下運送累積貯存，在植物生長最旺盛時採收，植物藤莖所含的營養物質最豐富。

七、皮類藥材

莖幹皮大多於清明、夏至間採收最好，此時樹皮內液汁多，形成層細胞分裂迅速，皮木部容易分離、剝取，又氣溫高容易乾燥。而根皮則於秋末冬初挖根後，剝取根皮用之。但採收樹皮時，注意不可環剝，只能縱剝側面部分，以免植物死亡。

藥用植物之加工

藥用植物採集後,雖然鮮品或乾品均可使用,但一般以乾品為主,因為乾品有容易貯藏、避免腐敗以及可縮短煎煮時間等優點,若是作為百草茶原料,乾品更可提升飲品之風味,去除臭青味。大多數的藥用植物採收後,應迅速加工乾燥,防止其黴爛變質,降低其藥效,若需切製者,原則上宜趁鮮切製,再乾燥,某些莖類藥材新鮮切製時,容易樹皮脫落,通常需先乾燥約2成,再進行切製即可。以臺灣民間青草藥之應用而言,藥材的加工通常只有:(a)淨撿或洗淨;(b)切製;(c)乾燥等3大步驟,不像中醫師習慣使用之藥材(習稱中藥),需有繁雜的炮製過程,現將其乾燥分類及注意事項敘述如下:

(1)曬乾或烘乾:一般將採收的藥材,均勻撒開在乾燥的場地日曬,或先洗淨泥土後切片或切段,再進行曬乾,曬乾可說是最具經濟效益的乾燥法。如遇雨天或連續陰天則需用火烘乾,現代已有烘箱,可以50～60℃進行烘乾最適宜。部分植物在乾燥期間,葉子容易脫落或莖易折斷者,可曬至半乾時紮束成小把再繼續曬乾。

(2)陰乾或晾乾:即將採收後的原料植物,攤開薄鋪於陰涼通風乾燥處,或可紮束小把懸掛於竹竿上或繩索上,至完全乾燥後始收藏貯備用。如花類、芳香類或富含揮發油類成分的藥材適用此類乾燥法。

(3)燙後乾燥:有些肉質的藥用植物,若無烘乾器具設備,不容易乾燥者,可用開水燙後日曬,便容易乾燥,如:馬齒莧、土人參等。部分原料植物葉子容易脫落者,也可以用此法迅速燙一下,然後曬至完全乾燥,就不會使葉子脫落損失。

土人參為肉質植物,宜採燙後乾燥方法處理。

藥用植物之應用

此處所談應用，以藥材之用量、煎法及服法三大項為主，敘述如下：

(1) 藥材之用量：指藥材的內服或外用劑量，根據劑量與藥效的關係，凡不能發揮療效的劑量，稱為「無效劑量」；剛出現療效作用時的劑量，稱為「最小有效劑量」；出現療效最大的劑量，稱為「極量」；介於最小有效劑量與極量之間，可有效地發揮療效的劑量，稱為「治療劑量」。臨床應用上，對於大多數人最適宜的治療劑量，稱為「常用量」，也就是正常情況下通常指一次配伍量或一次治療量，多數中藥材的最常用劑量為10公克(約3錢，臺灣民間方則以10公分表示)，由於病情、藥性的不同，其用量也會酌情增減。一般而言，質堅、體重、性平、味淡的藥物和滋補性藥物，用量會較重；質鬆、體輕、性毒、味濃的藥物或解表的芳香性藥物，用量會較輕。

(2) 藥材之煎法：配伍好的藥物，應按醫囑煎煮，一般原則是，按處方調配後，將藥材置於煎藥器(習慣用砂鍋或瓦罐)中，加入清水，水量以浸沒過藥材約2～4公分為宜，浸泡30分鐘，置火上以武火加熱煎煮，沸後，以文火保持沸騰30分鐘，用紗布篩濾出煎液。藥渣再加水煎煮20分鐘，濾液作為二煎備用。滋補性藥材可以再

煎一次。而一般解表藥物、含有揮發性成分的藥物或輕薄的花葉類，可在其他藥物沸騰10～15分鐘後再放進鍋中，煎5～10分鐘即可，即所謂的「後下」，但薄荷於入百草茶時，可於火熄後，再置入密蓋，此時清涼效果最佳。

薄荷為典型的後下藥材

(3) 藥材之服法：通常因病情而異，主要可考慮下列幾點：(a)服藥量：一般每天1劑、煎服2次。每劑藥物一般煎2次，有些補藥也可煎3次。每次煎好的藥汁約250～300毫升，可以頭煎、二煎分服，也可將二次煎汁混合後分2～3次服用。(b)服藥時間：一般補藥在飯前服；驅蟲藥或瀉藥，多在空腹服；健胃藥和對腸胃有較大刺激者應在飯後服；安神藥應在睡前服；急性病症應隨時服。(c)服藥的冷熱：湯劑一般均應溫服，但對於寒性病症則宜熱服，熱性病症應冷服。發散風寒藥，宜熱服；治嘔吐或解藥物中毒用藥時，宜冷服等。

藥用植物
各論

臺灣木賊

Equisetum ramosissimum Desf. subsp. *debile* (Roxb.) Hauke

【科　　別】木賊科

【別　　名】木賊、筆筒草、接骨草。

【植株形態】多年生草本，根莖黑褐色，莖直立，單生或叢生，肋稜6～20條。葉輪生，退化成筒狀鞘，似漏斗狀，亦有稜，鞘口隨稜紋分裂成長尖三角形的裂齒。孢子囊穗緊密，矩圓形，無柄，有小尖頭頂生。

【生態環境】本地區河邊、田路旁或水溝旁常見野生，以孢子繁殖或分芽繁殖。

【使用部位】全草。

【性味功能】性平，味甘、微苦。能清熱利尿、清肝明目、祛風除濕、發汗解肌、退翳、收斂止血，治急性結膜炎、目赤腫痛、腸炎腹瀉、(黃疸型)肝炎、尿路結石、衄血、尿血、食積、咳嗽哮喘、腎炎水腫、目翳、小兒疳積、便血、血崩、痢疾等。

【經驗處方】(1) 治腸風下血：本品2錢，水煎服。

(2) 治慢性氣管炎：本品1兩，加水700c.c.，浸泡30分鐘後，煎10分鐘，每日服3次，每次服200～300c.c.。

(3) 治血尿：本品加羊蹄、鱧腸各5錢，白茅根4兩，水煎服。

(4) 治瘧疾：本品1錢，水煎服，或鮮品搗爛外敷大椎穴。

(5) 治赤白帶：本品2錢，水煎服。

(6) 治跌打骨折：用鮮品一束搗爛，加紅糖調外敷。

(7) 治尿道炎：本品5錢至1兩，水煎服。

波羅蜜

Artocarpus heterophyllus Lam.

【科　　別】桑科

【別　　名】婆那娑、阿菩韄、天婆羅、樹婆羅、木婆羅、牛肚子果。

【植株形態】多年生常綠喬木，多軸根，莖通直，分枝多，皮厚，褐黑色。葉互生，橢圓形至倒卵形，基部楔形，先端尖或鈍形，全緣，幼枝葉緣時有3裂，兩面無毛，上面有光澤，背面粗澀。花單生，雌雄同株，花被2裂，雌花序圓柱形或矩圓形，生於粗幹上。聚合果，成熟時有香味。

【生態環境】本地區山坡地有人栽培，臺灣在三百多年前由印度引進。

【使用部位】全株或果實。

【性味功能】性平，味甘。(1)果肉能止渴解煩、醒酒、益氣、助消化。(2) 種仁能滋養強壯、補中益氣、通乳。(3)根能解熱，治腹瀉。(4)皮搗爛外敷，治疼痛、創傷。(5)汁能去瘀、散結、消腫、止痛。(6)葉能止血、去瘀，治皮膚病、毒蛇咬傷等。

【經驗處方】(1) 婦女產後少乳或乳汁不通：新鮮種仁2～4兩，燉肉服，或水煎服並食種仁。

(圖中尺規最小刻度為0.1公分)

牛奶榕

Ficus erecta Thunb. var. **beecheyana** (Hook. & Arn.) King

【科　　別】桑科

【別　　名】天仙果、牛乳房、牛奶房、牛乳榕、大號牛乳埔。

【植株形態】多年生落葉灌木或小喬木，軸根長，折之有白色乳汁。葉互生，長卵形或倒卵形，全緣，網狀脈，托葉披針形，淡紅色。隱頭花序，花單性，小花多數著生於肉質花托內，花托有柄，單生或對生於葉腋，圓球形或近梨形。隱花果被毛，熟時橙紅色，種子小。

【生態環境】本地區野生山坡地或庭園栽培，以種子或高接繁殖。

【使用部位】根、莖或果實。

【性味功能】性平，味甘、微澀。能驅風解毒、補中益氣、健脾化濕、強筋健骨、助小兒發育，可治風濕、跌打損傷、下消等。

【經驗處方】(1) 風濕症：本品加青皮貓根、走馬胎頭、黃金桂根各2兩，半酒水燉豬腳服。

(2) 下消：本品加小本山葡萄、龍眼根、白馬鞍藤、芙蓉頭各5錢，燉豬腸服。

(3) 敗腎：本品加白龍船花、白肉豆根、丁豎杇、枸杞根各1兩，燉雞服。

(4) 糖尿病：本品加白龍船、白粗糠、白肉豆根各1兩，燉豬排骨服。

(5) 膀胱無力：本品加荔枝根、金櫻根、倒地麻、番木瓜各1兩，水煎服。

(6) 小兒發育不良：本品3兩，九層塔、含殼仔草、狗尾草各1兩，半酒水燉雞服。

扛板歸

Polygonum perfoliatum L.

【科　　別】蓼科

【別　　名】三角鹽酸、犁壁刺、犁壁藤、杠板歸。

【植株形態】多年生蔓性草本，軸根細長，全株被有倒生鉤刺。葉互生，葉片三角形，有長柄，盾狀著生。6～8月開花，花多分枝，排成穗狀，花白色或淡紅色，花被5深裂。果小球形，成熟時黑色，種子小。

【生態環境】本地區荒野可見，以播種為主。

【使用部位】全草。

【性味功能】性平，味酸。能止痢、降壓、解熱、消炎、解毒、止癢，可治百日咳、氣管炎、上呼吸道感染、扁桃腺炎、腎炎、水腫、高血壓、黃疸、瘧疾、頓咳、濕疹、疥癬等。

【經驗處方】(1) 治皮膚癢：本品1～2兩水煎後，加酒洗可止癢。

(2) 治高血壓：全草1兩，水煎，當茶飲(效果好)。

(3) 治帶狀疱疹：鮮草1～2兩加鹽，搗爛外敷。

(4) 治貧血性頭暈：鮮品數兩絞汁，每次服100c.c.。

(5) 治白血球過多(敗血病)：汁加蜜服，每次150～200c.c.。

(6) 治喉痛：鮮品1兩或乾品5錢，水煎服。

(7) 治肝病：本品1兩加賜米草1兩，水煎加冰糖服。

【注意事項】根、莖有微毒。

皺葉羊蹄

Rumex crispus L.

【 科　　別 】蓼科

【 別　　名 】長葉羊蹄、皺葉酸模、土大黃、牛舌大黃、殼頭菜。

【植株形態】多年生草本，主根粗肥大，枝根少，莖直立，有多數縱溝紋。葉互生，有長柄，卵狀長橢圓形，莖生葉卵狀披針形，葉緣不規則波浪形，近莖頂的葉小而成苞葉狀。花小，淡綠色。果實卵形，有三條翅邊。

【生態環境】本地區山坡地有野生或庭園栽培，以種子繁殖。

【使用部位】根。

【性味功能】性寒，味苦。能清熱、殺蟲、通便、利水、止血，可治肝炎、氣管炎、經閉、大便燥結、疥癬、痢疾等。

【經驗處方】(1) 治跌打損傷：鮮根適量搗爛，加酒調炒熱，外敷患處。

(2) 治汗斑：鮮根加硼砂粉，磨成泥狀擦患處。

(3) 治疥癬、香港腳、鵝掌風：鮮根1兩加冇骨消根1兩，磨成泥狀擦患處。

(4) 治腫毒發炎：鮮品根加龍葵、金銀花各1兩，搗爛加黑糖調好外敷。

(5) 治牛皮癬：鮮根1兩，搗爛加醋、鹽、酒調好外敷。

(6) 治紫斑症：根5錢，水煎內服，1天2次。

(7) 治糖尿病：鮮根1兩，燉豬胰臟一條，1天1次服。

(8) 治皮膚病：鮮品根1兩加韭菜1兩，搗爛外敷。

【注意事項】本品有小毒。

皺葉羊蹄的果實

土人參

Talinum paniculatum (Jacq.) Gaertn.

【科　別】馬齒莧科

【別　名】假人參、土高麗、玉參、波斯蘭、參仔葉。

【植株形態】多年生宿根性草本，根肉質、肥厚，株高約40～50公分，全株光滑無毛。葉互生，倒卵形，長約6～8公分，寬約4公分，全緣，具短柄。肉質莖梢抽出細長多分枝的圓錐花序，花小量多，呈紫紅色，花五瓣，雄蕊約15～20枚，徑約0.6公分，花期5～10月間，可由人為改變(常摘新芽則不會開花)。蒴果球形，熟果呈瓣裂，果色紅褐色，徑約0.3公分，種子小呈深黑色。

【生態環境】臺灣中低海拔，藥用植物園區或鄉間平野均易見到，亦可供作蔬菜使用，適應性強(此為馬齒莧科植物的特色)，對土質要求不高，本種在自然繁殖上以種子繁殖為主，人工繁殖求其速則以扦插繁殖，其成活率可高達98%以上。

【使用部位】全株。

【性味功能】性平，味甘，無毒，唯乾花及種子性偏溫，鮮葉微涼性。本品入心、肺、脾、腎四經，能健脾、潤肺止咳、調經、消腫、補中益氣、生津，可治痢疾、濕熱性黃疸、內痔出血、乳汁不足、小兒疳積、脾虛勞倦、肺癆咳血、月經不調等。葉片(新鮮)能固胃壁，若與苦蕒同食能通乳汁。

【經驗處方】(1) 花及種子曬乾者5錢，加枸杞子6錢、甘草2錢、水300c.c.煮，當茶喝，抗心悸症及心臟衰弱，有益心寧神功能，對耳鳴也有效。

(2) 鮮品肉根約2～3兩、含羞草頭2兩，燉小肚，可治糖尿病。

(3) 鮮葉片一握、黃花酢漿草一握，同榨汁，治胃出血

(止血、養胃壁)。

(4) 鮮葉榨汁加蜂蜜，能潤肺，治熱咳，療咽痛。

(5) 多尿症或夜尿床症：種子3～5錢，加破故紙5錢，煎服。又方：肉豆根約1～2兩、狗尾草頭約3兩、破故紙6錢、菟絲子5錢，燉雞服。

(6) 脾濕冷、胃腸虛弱、習慣性泄瀉：本品加燈稱花根(崗梅)各2兩、月桃頭約5錢、狗尾草頭2兩、雷公根1兩、黃花酢漿草2兩、羊奶房(天仙果頭)3兩，燉雞服之。

【注意事項】全草含草酸鉀及硝酸鉀，炒煮勿加鹽，最好水煮，汆燙即可，生食藥效最好，葉搗汁療熱咳，有人常會加鹽，但本品加鹽因鹽含鈉，會破壞鉀元素，則功能會大量減低，或完全失去療效。

【成分分析】全草含草酸鉀及硝酸鉀。

臭杏

Chenopodium ambrosioides L.

【 科　　別 】藜科

【 別　　名 】土荊芥、臭川芎、蛇藥草。

【植株形態】一年生草本，軸根，全株具強烈之臭味，全草有柔毛，莖分枝多。葉互生，披針形，葉緣波形或深鋸齒形。花綠色，穗狀花序，單性花，花被3片。雄蕊5～6枚，雌蕊1枚，花柱2～3裂。胞果極小，外包以宿存之花被片，種子小而有光澤。

【生態環境】本地區荒野、庭園或路旁都常見，以種子繁殖。

【使用部位】全草。

【性味功能】性溫，味辛、苦。能通經止痛、殺蟲、祛風，可治蟲蛇咬傷、風濕痛、濕疹、閃腰、頭痛、脫肛、坐骨神經痛、皮膚過敏等，另可驅寄生蟲。

【經驗處方】(1) 蟲蛇咬傷：鮮葉搗爛外敷。

(2) 驅寄生蟲：全草1～2兩，水煎服。

(3) 風濕痛：鮮根5錢，水煎服。

(4) 濕疹：鮮草1兩，水煎洗患部。

(5) 閃腰：全草1把搗汁，加酒沖服。

(6) 頭痛：頭5錢加茵陳頭5錢、土煙頭5錢、艾頭5錢，水煎服。

(7) 脫肛：鮮品1把，水煎服。

(8) 坐骨神經痛：根1兩燉豬尾椎骨服。

(9) 皮膚過敏：根燉赤肉服。另方：枝葉水煎洗。

(10) 帶狀疱疹：鮮品搗爛加米漿外敷。

【注意事項】本草有毒，小心使用。

紅藜

Chenopodium formosanum Koidz.

【科　　別】藜科

【別　　名】藜、赤藜、紫藜、紅心藜、食用藜。

【植株形態】一年生草本植物，高1.5～2.0公尺，莖直立，分枝少，莖皮堅硬，但髓部類似通草。葉形變異大，基部三角菱形，葉片呈線形。花為兩性花，花序為穗狀圓錐形，頂生或腋生，整穗彎曲下垂，長度可達50～60公分。初花期果穗為淡綠色，其後隨成熟度而轉成各種不同的單鮮豔之色澤，計有桃紅、粉紅、大紅、橙紅、深紫、淡黃與金黃等，也常二、三種顏色出現在同一穗。

【生態環境】紅藜為耐旱、耐貧瘠之救荒植物，其整個生育日數為95～125天，在臺灣中南部及東南部地區基本上全年均可栽培，但最適合的季節為秋播春收，此可避開高溫多濕的夏季，成熟果穗由鮮豔成暗色，採收後先行脫粒，再以日光曬乾，儲於陰涼處待用。

【價值與應用】(1) 釀造小米酒的酒麴原料。

(2) 可做糧荒時的救命糧米。

(3) 可充做米飯；可單獨煮成稀飯或添入白米煮乾飯。

(4) 副食品營養添加物或機能性保健食品。

(5) 成熟之果穗為頭飾與插花材料。

(6) 幼苗期：為營養成分高的蔬菜。

(7) 果實：含澱粉、蛋白質、胺基酸、脂肪酸、膳食纖維及礦物元素，還含有甜菜色素、多酚類與黃酮等抗氧化成分。

紫莖牛膝

Achyranthes aspera L. var. *rubro-fusca* Hook. f.

【科　別】莧科

【別　名】掇鼻草、昆明土牛膝、紅骨蛇、牛蔡鼻。

【植株形態】多年生草本，根分枝多，全草有毛，莖節部膨大。葉對生，全緣或不規則波狀齒。穗狀花序，夏季開花，具針狀小苞，萼片5枚，披針形。雄蕊5枚，花柱1枚。瘦果卵形，為宿存苞及萼所包圍，種子、果實皆有刺。

【生態環境】本地區荒野到處可見，以種子繁殖。

【使用部位】全草。

【性味功能】性平，味苦、酸。能祛風、行血、利尿、降火、清熱、解毒、舒筋、強精，治腰膝酸痛、風濕痹痛、閉經、淋濁、疔瘡癰腫、毒蛇咬傷等。

【經驗處方】(1) 收斂(糖尿病患開刀傷口，不易收合)：本品數兩加豬尾椎骨，加二次洗米水燉服，效果好。

(2) 治痛風：頭數兩，水煎服。

(3) 治高血壓：全草鮮品2兩，水煎服。

(4) 治產後子宮不易收縮：頭2兩炒麻油後，用半酒水燉雞服。

(5) 治鼻竇炎：用嫩葉揉鹽塞鼻孔。

(6) 治胃炎：用嫩葉炒後，加雞蛋煎苦茶油服。

(7) 壯陽：頭5錢，水煎服。

(8) 治夢遺：頭2兩，燉鱧魚服。

刺莧

Amaranthus spinosus L.

【科　　別】莧科

【別　　名】刺蒐、土莧菜、豬母菜、(白)刺杏。

【植株形態】一年生直立草本，軸根粗，莖有紅色與綠色兩種，紅色稱紅刺莧，綠色稱白刺莧，莖有節，每節有2銳刺。葉互生，具長柄，菱狀卵形或披針形。花綠白色，穗狀花序，腋生或頂生，花苞有剛毛。雄蕊5枚。果實有外苞，種子圓形，扁平。

【生態環境】本地區平野野生或庭園栽培，以種子繁殖。

【使用部位】全草(或嫩葉)。

【性味功能】性寒，味甘。能清熱、利濕、消腫、解毒，可治痢疾、胃出血、便血、痔血、膽囊炎、濕熱泄瀉、浮腫、帶下、膽結石、瘰癧、咽喉腫痛、小便澀痛、牙齦糜爛等。嫩葉及嫩莖供食用，全草可作飼料養豬。

【經驗處方】(1) 全草加水煎服當茶喝，可治水痘。

　　　　　　(2) 鮮根1兩加黑糖半兩，水煎服，可治痢疾。

　　　　　　(3) 鮮根2兩加冰糖，水煎服，可治白帶。

　　　　　　(4) 全草5兩加水煎湯，加鹽洗浴，可治濕疹。

　　　　　　(5) 新鮮白刺莧全草6兩，燉豬小肚，可治膽結石。

　　　　　　(6) 鮮根2兩燉瘦肉，治內痔、尿濁。

　　　　　　(7) 白刺莧2兩、橄欖根2兩、瘦肉3兩、冰糖5錢，燉湯服，治腫瘤或癌。

　　　　　　(8) 鮮葉搗爛，外敷毒蛇咬傷。

　　　　　　(9) 鮮根1～2兩水煎，加冰糖治上咽喉痛。

【注意事項】本品性寒，不可多食。

青葙

Celosia argentea L.

【科　　別】莧科

【別　　名】野雞冠花、白冠花。

【植株形態】一年生草本，具軸根，莖淡紅或紫紅色，肉質。葉互生，短圓狀披針形，紫紅色或深綠色，全緣。花密集呈穗狀，生於枝頂，淡紅色。雄蕊花絲下部合生。果實為胞果，小種子黑圓而光亮。

【生態環境】本地區平野常見野生，以種子繁殖。

【使用部位】種子(藥材稱青葙子)、花序或全草，嫩芽可當蔬菜吃。

【性味功能】(1)種子味苦，性涼。能清肝、明目、退翳，治肝熱目赤、眼生翳膜、視物昏花、肝火眩暈、疥癩等。(2)花序能清肝涼血、明目退翳，治吐血、頭風、目赤、血淋、月經不調、帶下等。(3)莖葉及根能燥濕、清熱、止血、殺蟲，治風熱身癢、瘡疥、痔瘡、外傷出血、目赤腫痛、角膜炎、眩暈、皮膚風熱搔癢等。

【經驗處方】(1) 急性結膜炎、目赤：青葙子3錢、黃芩3錢、龍膽草3錢、菊花4錢、生地5錢，水煎湯服。

(2) 夜盲症、目翳：青葙子5錢、黑棗1兩，燉湯服。

(3) 白帶、經痛：青葙子、定經草、當歸、川芎、白芍、熟地、白果各2～3錢，半酒水燉雞服。

(4) 月經過多、白帶：青葙花2兩，燉瘦肉服。

(5) 不孕症：青葙花8錢、三白草根5錢、破故紙3錢、白芷6錢、生地2錢、橘紅半錢，全酒燉雞，夫妻共服。

(6) 婦女陰癢：莖葉4兩，水煎燻洗患處。

(7) 流鼻血：花2兩、卷柏1兩，加紅糖水煎服。

土肉桂

Cinnamomum osmophloeum Kaneh.

【科　　別】樟科

【別　　名】山肉桂、臺灣肉桂、肉桂、桂枝。

【植株形態】多年生常綠中喬木，係臺灣特有品種，幹皮平滑，根系發達，枝條纖細。葉互生，卵形、卵狀橢圓形或卵狀披針形，薄革質，葉面光滑，背有白粉，先端銳形漸尖，基部鈍形至圓形，三出脈，葉長3.5～8公分。花序為聚繖狀圓錐花序，花數少，腋生，花苞於每年2～5月形成，6～8月盛開。核果長橢圓形。

【生態環境】本地區可見庭園栽培，以扦插繁殖。原生地為臺灣中低海拔，對土壤選擇並不苛求，亦稍耐旱，於有機肥料充足水分適當的沙壤土最適合生長，如正常管理，第5年後於冬季期間即可採收葉片。

【使用部位】葉片(內含肉桂精油)、皮。

【性味功能】性熱，味甘、辛。能強壯、鎮痛、滋養、祛寒，可治腹痛、風濕痛、創傷出血等。

【經驗處方】(1) 補虛：皮5錢，水煎服。

(2) 胸悶：皮5錢、岡梅2兩、小本山葡萄1兩，水煎服。

(3) 心臟病：皮6錢，毛冬青、構樹皮各2兩，水煎服。

(4) 痢疾：葉5錢、藿香薊2兩，水煎服。

【成分分析】葉富含揮發性成分，經分離鑑定至少有40種化學成分，可區分成6大類群，包括單萜烯類、倍半萜烯類、單萜烯醇類、羰基化合物、酯類和酚類衍生物，而主要的成分為反式肉桂醛。

【產業應用】(1) 萃取精油，開發成一般食品、保健食品及生物製
　　　　　　　　　劑、防腐劑。
　　　　　　　(2) 葉片直接乾燥，打成粉末供膳食食品、糕餅、糖果
　　　　　　　　　之添加劑。
　　　　　　　(3) 經浸泡或發酵方式，製成酒醋產品。

魚腥草

Houttuynia cordata Thunb.

【科　　別】三白草科

【別　　名】蕺菜、臭瘟草、臭臊草、狗貼耳、十藥。

【植株形態】多年生草本，地下根莖有節，節上生鬚根，地上莖略帶
紫紅色或綠色，直立或匍匐，高約10～50公分。葉互
生，心形或寬卵形，葉柄基部鞘狀抱莖，全緣。穗狀花
序，頂生，白色總苞片4片，花小而密，無花被，夏季
開花。果實蒴果，卵形，種子細小。

【生態環境】本地區濕地或溝邊可見，或庭園有人栽種，以分株、扦
插或種子繁殖，尤以分株為主。喜濕地土壤。

【使用部位】全草。

【性味功能】性微寒，味辛、酸，有魚腥味。能清熱解毒、利尿消
腫、涼血，可治肺炎、支氣管炎、尿道炎、淋病、肺
癰、腎臟病、梅毒、疔瘡、痔瘡、鼻竇炎、腫毒、咳
嗽、肺積水、黑斑、雀斑、青春痘、痢疾等。

【經驗處方】(1) 治咳嗽：取鮮葉10片洗淨生吃，數天後有效。

(2) 鬱傷：鮮葉1兩，加冰糖或赤肉煮吃。

(3) 腫毒：鮮葉1～2兩搗爛，加黑糖調，外敷患部(包括
疔瘡、梅毒、痔瘡)　　　　。

(4) 肺癰：鮮草2～5兩搗汁，加人蔘2錢、白芍1兩，共
煎服。

(5) 肺積水：全草乾品2～3兩，燉小母雞服。

(6) 黑斑、雀斑、青春痘：葉片陰乾後，浸米酒1個月
後，塗患處。

【注意事項】本品有微毒，使用量要小心，不可過量，使用過量損陽
氣。腳氣病人不可服用。

蒟醬

Piper betle L.

【科　　別】胡椒科

【別　　名】荖藤、荖葉。

【植株形態】常綠攀緣性藤本，根多分枝，莖有節(俗稱荖藤)，多分枝。葉互生(俗稱荖葉)，卵狀長圓形，全緣。穗狀花序與葉對生，下垂，漿果肉質，綠黃色(俗稱荖花)，互相合成一長圓柱體。

【生態環境】本地區平野山坡地，到處有人栽培，是臺東地區農民的經濟作物。

【使用部位】果穗、葉、莖、根。

【性味功能】性溫，味辛、微甘。能溫中健胃、行氣、祛風散寒、消腫止痛、化痰止癢、抗菌，治風寒咳嗽、胃寒痛、消化不良、腹脹、瘡癤、濕疹等。

【經驗處方】(1) 燙傷：葉搗汁，加蜜外敷。

(2) 坐骨神經痛：葉研末，開水送服。

(3) 風濕：根莖4兩，半酒水燉服。

(4) 腰痛：根莖2兩、海州骨碎補2兩，半酒水燉豬尾椎骨服。

(5) 五十肩：根莖1兩、海州骨碎補2兩、黃耆5錢、當歸2片，燉排骨服。

白花菜

Cleome gynandra L.

【科　　別】白花菜科

【別　　名】羊角菜、五葉蓮。

【植株形態】一年生草本，根細小，分枝多，莖有毛，中空。葉互生，掌狀複葉，小葉5片，全緣或有細齒，葉上面無毛，背面有毛。總狀花序頂生，有梗，基部有葉狀苞片3片，萼片4片，花瓣4片，倒卵形，有白色或淺紫色2種。子房有柄，突出花瓣之上。蒴果長角形。

【生態環境】本地區平野野生或庭園栽培，以種子繁殖。

【使用部位】全草或根、葉。

【性味功能】性溫，味甘、辛，有小毒。能清熱、解毒、祛風濕，可治風濕關節痛、跌打損傷、痔瘡、帶下、瘧疾、痢疾等。

【經驗處方】(1) 痛風：根4兩燉豬腳吃。

(2) 關節痛：鮮葉搗爛外敷，灼熱時即換。

(3) 腦充血：全草3兩、仙草3兩，加黑糖水煎服。

(4) 壯陽：全草5兩，半酒水燉豬尾椎骨服。

(5) 疔瘡：全草1兩、烏蘞莓1兩、忍冬藤1兩，水煎服。

(6) 痔瘡：全草5兩，每日水煎冷後洗患處。

(7) 男下消、女白帶：嫩葉半兩切碎，加冰糖、豬小腸。

楓香

Liquidambar formosana Hance

【科　　別】金縷梅科

【別　　名】楓香樹、楓樹、楓仔。

【植株形態】多年生落葉大喬木，具軸根，莖幹粗大，多分枝，樹皮不規則裂開。葉互生，有長柄，掌狀三角裂，偶有五裂，邊緣有鋸齒。花單性，雌雄同株，雄性頭狀花序成短總狀排列，雌性頭狀花序單生，花淡黃綠色，無花被。蒴果成頭狀之聚合果。

【生態環境】本地區山坡地或路旁有人栽培，紅葉溫泉最多，以種子繁殖。

【使用部位】果實(藥材稱路路通)、根及(枝)葉。

【性味功能】(1)果實性平，味苦。能下乳、行中寬氣、祛風通絡、利水除濕，治關節痛、水腫脹滿、乳少、經閉、濕疹等。(2)根性溫，味苦。能祛風、止痛，治癮疹、瘡疥、風濕關節痛。(3)(枝)葉性平，味苦。能祛風除濕、行氣止痛，治痢疾、癰腫等。

【經驗處方】(1) 疔瘡：葉數片搗爛，加飯粒調敷患處。

(2) 皮膚過敏：枝葉半斤，水煎後洗浴。

(3) 內傷：鮮葉汁加鹽服。

(4) 風濕疼痛：枝葉半斤，水煎後洗浴。

(5) 蜂巢性癰腫：心葉 (鮮)2兩加飯粒、煙絲，搗爛外敷。

(6) 過敏性鼻炎：果實4錢、蒼耳子3錢、防風3錢、辛夷2錢、白芷2錢，水煎服。

(7) 關節痛：根3兩，燉豬尾椎骨服。

落地生根

Bryophyllum pinnatum (Lam.) Kurz

【科　　別】景天科

【別　　名】燈籠草、葉生根、生刀藥、大返魂、倒吊蓮。

【植株形態】落地生根品種多，形態各異，為多年生草本植物，株高約30～150公分，莖直立，枝葉脆易折，成熟之葉片採下，隨處放皆會於葉緣凹陷處生根發芽，長出新株，折枝扦插亦容易成活，唯不宜過多水分，否則易腐爛。葉片厚，有些為鈍鋸齒緣，有些品系則深裂，葉對生，單葉或羽狀複葉，葉長5～15公分，寬約4～6公分。冬末開淡紅或紫色花，亦有黃色者的筒狀花。

【生態環境】全島山野、田間路邊皆能見其蹤跡，於肥沃之腐質土壤則生長更良好、壯碩，於乾旱的石壁亦可生長，適合全日照，對環境適應力極強，亦有人栽培成庭園觀賞植物。

【使用部位】葉子。

【性味功能】性寒，味酸、澀，無毒。能清血、消腫、去毒、生肌，可治高血壓、血濁、血熱、吐血、胃腸出血、咽喉腫痛等。

【經驗處方】(1) 跌打瘀傷：取鮮葉搗貼患處，可去瘀消腫。

(2) 刀傷、外傷：取鮮葉搗貼患處，可去毒、止血、生肌，亦可取鮮葉熬汁飲服。

(3) 治肺炎：莖、葉搗汁，約2匙服。

(4) 治中耳炎：葉搗汁，取2～3滴入耳中，可消炎去膿。

蛇莓

Duchesnea indica (Andr.) Focke

【科　　別】薔薇科
【別　　名】蛇波、龍吐珠、地莓、蛇波子。
【植株形態】多年生伏地草本，鬚根，匍匐莖有柔毛。葉互生有柄，三出複葉，小葉片卵圓形，鋸齒緣，長1～3.5公分。花黃色，單生葉腋，花瓣5枚，夏秋開花。果實由許多小瘦果聚合成肉質聚合果，直徑0.8～1.2公分，成半球形，未成熟呈綠色，成熟時紅色，種子細小。
【生態環境】臺東地區平野或山區偶而可見，以扦插或分株繁殖，喜歡濕地壤土。
【使用部位】全草或果實(食用)。
【性味功能】性寒，味甘、略苦、微酸。能清熱、止血、消腫、解毒、殺蟲，可治吐血、咳嗽、胃痛、胃癌、喉痛、黃疸性肝炎；外用疔瘡、帶狀疱疹、毒蛇咬傷、腦震盪等。
【經驗處方】(1) 疔瘡、帶狀疱疹：鮮品全草1兩，搗爛加苦茶油外敷患處。
　　　　　　(2) 毒蛇咬傷：鮮品全草1兩，洗淨後加米酒外敷傷口。
　　　　　　(3) 吐血：鮮品全草5兩，絞汁服。
　　　　　　(4) 喉痛：鮮品全草1兩、水芹菜1兩、遍地錦1兩，水煎服。
　　　　　　(5) 胃痛：鮮品全草2兩燉全雞，去四尖及內臟裏不可洗，將藥放入雞腹內，不加水慢火乾燉。
　　　　　　(6) 腦震盪：鮮品全草3兩絞汁，加蜂蜜服。
【注意事項】全草有微毒，果實可食用。
【成分分析】本草含維賽毒素。

枇杷

Eriobotrya japonica Lindley

【 科　　別 】薔薇科

【 別　　名 】無憂扇、盧橘葉。

【植株形態】多年生常綠喬木，一般高度大約5～10公尺，小枝粗壯，密生褐色或灰棕色絨毛。葉互生，鋸齒緣，具有短柄，披針狀長橢圓形，長約15～30公分，寬約5～10公分。大致上在11月至翌年元月間開花，圓錐花序頂生，被毛，花色白兼黃色，5瓣。雄蕊約20枚。梨果為卵形、扁圓形或長橢圓形，橙黃色，外被絨毛，種子約1～5粒，於初夏成熟。

【生態環境】枇杷大約在臺灣各地均有栽培，但仍以溫暖的環境比較適合自然生長，中海拔以上開花及著果率降低許多。

【使用部位】以葉為主。

【性味功能】性平，味稍苦，但亦有認為稍具涼性者。因為胃冷者及寒咳的患者忌服，所以生藥本有涼性，中醫以蜜炮製過，則應屬性平，所以兩者都算正確。葉能清肺化痰、降逆止嘔、止渴，治慢性氣管炎、痰嗽、多痰、嘔吐、陰虛勞嗽、咳血、衄血、吐血、妊娠惡阻、小兒吐乳、消渴等。

【經驗處方】(1) 熱痰壅塞、咳不癒：枇杷葉一握(須用刷子把毛刷掉)剪成絲狀，加百部肉根2條、麥冬1兩、蕺菜乾品6錢、桑白皮約兩半，用九碗水煎剩七碗，濾出加蜂蜜約3湯匙，並加入川貝粉1錢半，治療兼固肺。

(2) 才感冒不久，肺熱咽乾痰黏，脈搏又快：枇杷生葉7片剪刷如上，加黃菊或苦菊約4～5錢、浙貝3錢、三

白草根6錢、黃芩4錢(不應多服)、白果3錢、甘草錢半，共煎服。

(3) 腸病毒：枇杷花5錢、垂桉草3兩、金銀花8錢，用八碗水煮1小時，濾出和正冬蜂(吃有甜即可)服用。

【注意事項】枇杷葉生用，一定要把毛刷乾淨，否則進入人體會有反效果。種子有毒，不可認為種子有較強功能而煎服，那是會出人命的。處方因人因病而異，最好依當事人之病因施治。

雞母珠

Abrus precatorius L.

【科　別】豆科

【別　名】相思、相思子、紅豆、美人豆、土甘草。

【植株形態】多年生藤本，根細長，蔓莖。偶數羽狀複葉，小葉8～15對，長橢圓形或倒卵形，有甘甜味。總狀花序腋生，蝶形小花，淡紫色。雄蕊9枚。莢果長橢圓形，種子近圓形，有光澤，上部鮮紅色，下部黑色。

【生態環境】本地區山坡地野生或庭園栽培，以種子繁殖。

【使用部位】根及枝葉、種子。

【性味功能】(1)根及枝葉性平，味甘。能清熱、利尿、排膿、催吐、驅蟲、消腫，可治疥癬、癰瘡、咽喉腫痛、肝炎、咳嗽痰喘等。(2)種子性寒，味甘、辛，有大毒，含毒蛋白，有抗癌作用。

【經驗處方】(1) 治咽喉腫痛：根適量，水煎服。

(2) 治腮腺炎：種子炒後研末，調蛋清外敷。

(3) 治肝炎：根莖1～2兩，水煎服。

(4) 治支氣管炎，利尿：葉適量，水煎服。

(5) 製青草茶：葉適量，水煎服。

【注意事項】種子毒性極強，宜小心使用。

(圖中尺規最小刻度為0.1公分)

白鳳豆

Canavalia ensiformis (L.) DC.

【科　　別】豆科

【別　　名】白關刀豆、白刀豆、洋刀豆、矮性刀豆。

【植株形態】一年生半直立草本，莖細長，分枝多。葉互生，三出複葉，具長柄，小葉闊卵形或卵狀長橢圓形，全緣。總狀花序腋生，花冠蝶形，淡紫色。莢果闊線形，扁平，種子6～14粒，白色。

【生態環境】本地區可見庭園栽培，以種子繁殖。

【使用部位】種子、根、果殼。

【性味功能】(1)種子性溫，味甘，有小毒。能益腎補元氣、溫中下氣、祛痰通便，治虛寒呃逆、嘔吐、腎虛腰痛、痰喘等。(2)根性平，味甘，無毒。能消炎、行血通經。(3)果殼性平，味甘。能和中下氣、散瘀行血。

【經驗處方】(1) 腫瘤：種子文火焙乾後磨粉，每次服3錢，沖開水服。

　　　　　　(2) 鼻淵：種子文火焙乾為末，每次服3錢加酒送服。

　　　　　　(3) 小兒疝氣：種子研粉，每次1錢，開水沖服。

　　　　　　(4) 頭風：根3兩，全酒煎服。

　　　　　　(5) 腎虛腰痛：根3兩，燉豬尾椎骨服。

　　　　　　(6) 婦女經閉腹脹痛：果殼焙乾研粉，每次服1錢，黃酒送服。

【注意事項】種子有小毒，煮食會下痢，小心使用。

決明子

Cassia tora Roxb.

【科　　別】豆科

【別　　名】大號山土豆、圓草決、真草決。

【植株形態】一年生灌木狀草本，主根直大，莖直立多分枝，高40～200公分。葉互生，偶數羽狀複葉，小葉片通常3對，全緣，倒卵形，長約2～5公分。花腋生，黃色花瓣5片，夏季開花。果實為莢果，長約15公分，寬約0.2～0.5公分，內有種子約20～30粒，種子褐色。

【生態環境】本地區砂地及山坡地常見，以種子繁植。

【使用部位】全草。

【性味功能】性微寒，味苦、甘、鹹。能緩下通便、清肝明目、解毒、祛風熱，可治急性結膜炎、青光眼、黃疸肝硬化、腎炎、尿道炎、瘡毒、皮膚病、香港腳等。

【經驗處方】(1) 黃疸、肝硬化、眼疾：柴胡4兩、芍藥4兩、大黃4兩、決明子3兩、澤瀉3兩、黃芩3兩、杏仁3兩、升麻3兩、枳實3兩、梔子3兩、竹葉3兩，水煎服。

(2) 減肥、降血壓：決明子炒後，煎湯服。

【注意事項】忌麻仁。

野青樹

Indigofera suffruticosa Miller

【科　　別】豆科

【別　　名】野木藍、大青、蕃菁、染布青、假藍靛。

【植株形態】多生生亞灌木，具軸根，莖多分枝，高約150公分。葉為奇數羽狀複葉，小葉4～7對，對生，倒披針形或倒卵形。總狀花序腋生，花冠蝶形，淡紅色。莢果圓柱形，下垂，鐮刀狀，內有種子4～8粒。

【生態環境】本地區平野野生或庭園栽培，以種子繁殖。

【使用部位】莖、葉及種子。

【性味功能】性寒，味苦。能涼血、解毒，可治肝病、丹毒，還可製作藍色原料。

【經驗處方】(1) 腮腺炎(俗稱豬頭皮)：藍色原料外敷。

　　　　　　(2) 紅斑性狼瘡：枝葉4兩加冰糖，水煎服。

　　　　　　(3) 丹毒：枝葉3兩，水煎服。

　　　　　　(4) 肝硬化：枝葉1兩加石上柏2兩，水煎服。

　　　　　　(5) 血小板缺乏症(紫斑症)：枝葉6兩，水煎服。

　　　　　　(6) 白血病：全草4兩加冰糖，水煎服。

　　　　　　(7) 肝病：枝葉4兩燉赤肉服。

【成分分析】全株含路易斯費瑟酮(Louisfieserone)、β-谷甾醇(β-sitosterol)、右旋蒎立醇(D-pinitol)。根及莖含有2,3,4,6-四(3-硝基丙醯)α-D-吡喃葡萄糖[2,3,4,6-tetra(3-nitropropanoyl)α-D-glucopyranos]。

含羞草

Mimosa pudica L.

【科　　別】豆科

【別　　名】見笑草、見誚草、喝呼草。

【植株形態】多年生草本，主根分枝，莖直立或斜狀，高10～100公分，全株生銳刺及逆毛。葉互生四出，掌狀複葉，具長柄8～14公分，小葉多數，對生，無葉柄，觸動時葉閉合下垂，全緣。頭狀花序，單生或2～3朵腋生，夏季開花。果實為莢果，扁平，長約1～2公分，種子約1～4粒，種子寬卵形。

【生態環境】本地區平野或山坡地可見，以種子繁殖。

【使用部位】全草或根、莖。

【性味功能】性微寒，味甘、澀、微苦。能清熱、安神、散炎止痛、消積、解毒，可治腸胃炎、小兒疳積、帶狀疱疹、止咳化痰、支氣管炎、風濕、腫毒、眼熱腫痛、神經衰弱等。

【經驗處方】(1) 帶狀疱疹：鮮葉2兩，搗碎敷患處。

(2) 風濕酸痛：根泡酒數月後，每天晚上睡前服一小杯。

(3) 尿毒症：乾品2兩、水丁香(乾品)1兩，水煎服。

(4) 攝護腺肥大：根、莖(乾品)4兩、加瘦肉燉服。

(5) 神經衰弱、失眠：乾品2兩，水煎服。

(6) 肝炎：根、莖(乾品)3兩，水煎服。

【注意事項】本地品種有紅莖及綠莖2種，有微毒。

【成分分析】全草含黃酮苷、氨基酸、有機酸、含羞草鹼。

狐狸尾

Uraria crinita (L.) Desv. *ex* DC.

【科　　別】豆科

【別　　名】狗尾仔、通天草、狗尾草。

【植株形態】植株短小的亞喬木，平時少分枝，如於半莖有折斷則會生側芽，株高視週邊環境而定，如於貧脊土地又空曠則約30公分，而於肥沃多濕又有其他植株相依，則可達90餘公分。葉互生，有三角形托葉，奇數羽狀複葉。夏初於莖頂抽花穗開花，未開前白色，漸長至開為紫紅色，花冠蝶形，呈穗狀排列，似狐狸的尾巴，結莢果。

【生態環境】生於全島低海拔山坡地，土質不刻意選擇，但以排水良好之含有機壤土為佳，現已有人專門以農田種植，日照度的彈性亦大，於樹蔭下亦能生長良好。

【使用部位】全草或根、莖。

【性味功能】性溫，味甘。能清熱止咳、散瘀止血、消癰解毒，可治咳嗽、肺癰、吐血、咯血、尿血、脫肛、陰挺(指子宮脫垂)、腫毒、外傷出血等。臺灣民間常將本品用於小兒開脾，亦可除積健胃。

【經驗處方】(1) 小兒開脾促進發育：狐狸尾(根、莖)2兩，與雞肉或瘦肉共燉服。

(2) 治胃病，除積：取鮮品之根、莖約5錢，與雞肉共燉服。

(3) 小兒發育不良：狐狸尾全草2兩，加橄欖根、桂花根、四米草各1兩，以二次洗米水燉田蛙服。

(4) 小兒慢脾，驅蛔蟲：狐狸尾(根、莖)、使君子根、山干仔根各2兩，水煎或燉赤肉服。

(5) 一切胃病：狐狸尾(根、莖)、香櫞根、桂花根、樹梅根、橄欖根各7錢，水煎服。

(6) 胃痛，但不吐酸：狐狸尾根2兩，雞1隻(去腸雜)，水酒各半燉服。

(7) 肺癰吐痰腥臭：新鮮狐狸尾(根、莖)2兩，洗淨切碎，水適量煎服。

(8) 腎虛遺精：狐狸尾根曬乾研末，每次5錢，開水送服。

黃花酢漿草

Oxalis corniculata L.

【科　　別】酢漿草科

【別　　名】酢漿草、鹽酸草、山鹽酸、幸運草。

【植株形態】多年生伏地草本，根細，莖纖細，全株被白色柔毛，節上生根。葉互生，指狀三小葉，長柄，倒心形小葉，先端凹陷。花黃色，生於葉腋。蒴果圓柱形，具5稜，成熟時裂開種子跳出，並發出聲音。

【生態環境】本地區平地庭園、路旁到處可見，以種子繁殖。

【使用部位】全草。

【性味功能】性寒，味酸、略甘。能清熱解毒、消腫利濕、涼血散瘀，可治咽喉腫痛(失聲、聲啞)、疔瘡、痢疾、尿毒症、肝炎、燙火傷、跌打新傷、失眠、糖尿病、胸悶、膽固醇過高、久痢等。

【經驗處方】(1) 咽喉腫痛(失聲、聲啞)：全草加鹽，放入口中咬吞汁或含汁。

(2) 疔瘡：全草搗爛外敷。

(3) 痢疾：曬乾研粉，每次服5錢，開水送服。

(4) 尿毒症：本品一把加紫背紅一把，燉赤肉服。

(5) 肝炎：本品1兩，燉赤肉1兩，每日一劑，連服一週。

(6) 燙火傷：鮮草搗爛，調麻油外敷。

(7) 跌打新傷：本品加金錢薄荷，搗汁沖酒喝。

(8) 失眠：本品5斤、松針1斤、大棗半斤，水煎當茶喝。

(9) 糖尿病：本品1兩、小飛揚1兩、參鬚5錢，燉服。

(10) 膽固醇過高：全草2兩燉豬腦。

(11) 胸悶：鮮品1兩加冰糖燉服。

【注意事項】本品含有草酸，多吃會傷胃。

大飛揚草

Chamaesyce hirta (L.) Millsp.

【科　　別】大戟科

【別　　名】大本紅乳草、神仙對坐草、羊母乳、飛揚草、乳仔草、大本乳仔草、大號紅乳草。

【植株形態】一年生草本，根細小，全株被毛，莖高約15～60公分，折斷時流出白色乳汁，莖匍匐或斜生長，紫紅色或淡紅色。葉對生，有短柄，卵形、矩圓形或披針形，葉緣有小鋸齒。花序腋生，綠色或紫紅色，單性花，無花被，雌雄花同生於總苞內，杯狀花序密集呈頭狀。蒴果卵狀三稜形，長約1.5公分。全年都會開花，夏秋盛開。

【生態環境】本地區低海拔平野常見，以種子繁殖。

【使用部位】全草或葉。

【性味功能】性微寒，味辛、酸。能清熱解毒、通乳滲濕、止癢，可治腎炎、疔瘡、淋病、肺癰、乳癰、攝護腺腫大、腫毒、濕疹、腳癬、皮膚癢、急性腸炎、細菌性痢疾等。

【經驗處方】(1) 腎炎：取鮮葉1兩洗淨，切碎炒熟後，加雞蛋調再煎苦茶油服。

(2) 疔瘡：鮮葉1兩加鹽及黑糖，搗爛外敷。

(3) 淋病：鮮葉1兩，水煎服。

(4) 肺癰：鮮品2兩絞汁，沖開水服。

(5) 乳癰：鮮品2兩加豆腐4兩，燉服。另方：鮮品2兩加鹽，搗爛外敷。

(6) 攝護腺腫大：全草2兩，水煎服。

【注意事項】全株汁液有毒，中毒時有腹瀉症狀，煮過後沒有毒。

小飛揚草

Chamaesyce thymifolia (L.) Millsp.

【科　　別】大戟科

【別　　名】紅乳草、紅乳仔草、細本乳仔草、千根草、紅骨細本乳白草。

【植株形態】一年生匍匐草本，根細小，莖多分枝，全株被稀疏柔毛。葉對生，葉柄短或無，倒卵形或矩圓形，全緣或細鋸齒緣，上表面深綠色，背面淺綠色或灰白色。杯狀花序單生或少數聚繖狀排列於葉腋，總苞淡紫色，頂端5裂，腺體有4個。蒴果卵狀三稜形，被毛短，種子具縱溝紋。

【生態環境】本地區原野、庭園或路旁可見，以種子繁殖。

【使用部位】全草或葉。

【性味功能】性寒，味酸、苦。能消炎、清熱、收斂、利濕、止血、止癢、消腫、解毒，可治痢疾、淋病、香港腳、皮膚癢、慢性皮膚炎、糖尿病等。

【經驗處方】(1) 痢疾：鮮品全草1～2兩，水煎後加蜜服，或水煎加黑糖服。

(2) 淋病：本草加黃花虱母子根頭、通草、淡竹、金絲草、車前草各5錢，並加冰糖，水煎服。

(3) 香港腳：鮮草1～2兩加黑糖，水煎當茶喝。

(4) 皮膚癢：鮮品水煎，洗患處。

(5) 慢性皮膚炎：本草加苦藍盤根、何首烏各5錢，水煎服。

(6) 糖尿病：本草鮮品加白豬母乳各2兩，水煎服。

綠珊瑚

Euphorbia tirucalli L.

【科　　別】大戟科

【別　　名】綠玉樹、鐵樹、青珊瑚。

【植株形態】多年生灌木，主根直立，莖圓筒狀，枝條多分枝，肉質
光滑，受創後流出白色乳汁。葉線形，互生，早落，長
約1公分，寬約0.2公分。杯狀花序排列成聚繖狀，花冠5
瓣，白黃色。果實蒴果，種子細小，卵形平滑。

【生態環境】本地區多庭園栽培，少野生，以扦插繁殖。

【使用部位】全草。

【性味功能】性涼，味辛、微酸。外敷跌打損傷、皮膚痛、疥癬、腫
毒等，可治胃痛、疝氣、梅毒、肺癌、風濕等。

【經驗處方】(1) 跌打損傷、皮膚病、疥癬、腫毒：取莖1兩搗碎，加
黑糖外敷。

(2) 梅毒、肺癌：鮮品先加水煮過，去掉湯後再煎服。
(民間處方，效果未定，盡量少用)

(3) 皮膚癢、癬：取乳汁直接外擦。

(4) 骨折、創傷：鮮品搗敷患處。

【注意事項】本品汁有毒，全株都有毒，不明使用法少用，炮製過方
可使用。

【成分分析】莖含Phorbol esters、4-deoxyphorbol esters及
12,20-dideoxyphorbal。乳汁含樹脂、單醣類、雙醣
類、蛋白質等。又樹脂分離出大戟脂素(Euphorbone)、
橡皮質等。

葉下珠

Phyllanthus urinaria L.

【科　　別】大戟科

【別　　名】珍珠草、真珠草、油柑草、珠仔草、紅骨豎欉珠仔草、
　　　　　　葉下真珠、苦真珠草。

【植株形態】一年生或越年生草本，主根細，全株無毛，莖直立，高
　　　　　　10～40公分，平展分枝，常帶紅色，具稜線。葉互生，
　　　　　　羽狀複葉，平展2列，晝展夜合，小葉具短柄或無柄，
　　　　　　托葉細小，小葉片長橢圓形，全緣。花單性，雌雄同
　　　　　　株，腋生葉下，赤褐色，花萼6枚，缺花冠，雄花2～3
　　　　　　枚，雌花著生葉下2列。蒴果紅褐色，扁球形，種子三
　　　　　　角狀卵形，淡褐色。

【生態環境】本地區平野或山坡地野生，以種子繁殖。

【使用部位】全草。

【性味功能】性寒，味苦。能解熱利尿、清肝明目、消腫止痢、通經
　　　　　　解毒，可治眼疾、肝炎、黃疸、腎炎水腫、結石、疳積
　　　　　　腹痛、無名腫毒、狂犬咬傷、青竹絲蛇咬傷等。

【經驗處方】(1) 眼疾：鮮草30克(相當於1兩)，水煎服、燉鴨肝服或
　　　　　　　　　燉雞肝服。

　　　　　　(2) 肝炎：鮮草2兩，水煎服。

　　　　　　(3) 腎炎：本草加白花蛇舌草各3錢，紫珠草、石韋各5
　　　　　　　　　錢，水煎服。

　　　　　　(4) 疳積：本草7錢，加雞肝燉服。

　　　　　　(5) 腹瀉：鮮草3兩，水煎服。

　　　　　　(6) B型肝炎：本草2兩，燉雞肝服。

過山香

Clausena excavata Burm. f.

【科　　別】芸香科

【別　　名】山黃皮、番仔香草、假黃皮樹、臭黃皮。

【植株形態】落葉性灌木或小喬木，全株具獨特香味，枝小垂，在小枝或柄及葉背均有細毛。奇數羽狀複葉，小葉21～27枚，短柄，小葉片歪斜狀披針形，長2～4公分，寬1～3公分，基部鈍斜，先端急尖，大致為全緣。聚繖狀圓錐花序頂生，苞片1對，萼4，花瓣4枚。核果長橢圓形，長約1.5公分，內含種子1～2粒，熟果有橘紅或淺紅色者。

【生態環境】半陰性植物，喜溫熱性區域之砂，原林蔭不密之樹下，低海拔山區亦能野生，幼苗喜於大樹間蔭庇下成長。稍具濕度則成長較迅速，在裸露處之幼苗成長較有限，以種子繁殖，成活率約70%左右。

【使用部位】枝幹、鮮葉或根皮均能入藥。

【性味功能】性溫，味苦。能行血散瘀、祛風濕、消腫痛、驅瘴氣、殺腹中蟲，對癒合傷口及解蛇毒亦有功效，可治跌打損傷、骨折、關節痛、流行性感冒、毒蛇咬傷、瘡口久不癒、胃腸炎、腹中有氣痛(遊走痛症)等。

【經驗處方】(1) 毒蛇咬傷：烏桕葉與過山香葉子共搗敷於患處。

(2) 過山香、雙面刺、鑽地風、骨碎補，乾品浸酒，強筋壯骨，對跌打損傷之復原大有助益。

【注意事項】本品果實雖有甜味，但有毒不宜多吃，否則易引起頭暈，尤其老年人心臟病、糖尿病、高血壓者，更不宜食之。

芸香

Ruta graveolens L.

【科　　別】芸香科

【別　　名】臭草、韭葉芸香。

【植株形態】多年生草本，植株高約1～2尺，雖謂為草本，但呈木質狀。複葉互生。花黃綠色，繖形排列，夏天開花。本植物香氣濃烈，尤其以手觸摸則氣更強，易留味於觸摸之手，因味濃異，有些人不能適應，而被稱為「臭草」。

【生態環境】以中海拔生長最好，不喜太冷太熱，喜歡肥份高之有機砂土壤，排水不良則容易使根群腐爛。

【使用部位】全草。

【性味功能】性溫，味辛香，無毒。能祛風、活血，可治惡瘡、瘡毒等。

【經驗處方】(1) 預防傳染病：蒼朮3錢、天麻3錢、芸香5錢，井水煎服，藥渣同時煎好後混合，分三次服用。

(2) 芸香莖4公分(均細尾)，煎取濃汁，燉豬心，治心臟病。

(3) 高血壓：芸香1兩，水煎服。

(4) 牙痛：芸香浸米酒頭20天，點牙立效。

(5) 腹痛：芸香5錢，水煎服。

(6) 心肌梗塞、心臟衰弱：芸香7節，生地、黃耆、福肉各5錢，水煎服。

【注意事項】孕婦禁忌使用。

【成分分析】全草含揮發油，內含2-壬酮、2-十一酮、2-壬醇、2-十一醇、乙酸-2-十一醇酯、乙酸-2-壬醇酯、桉葉素、檸檬烯、樟烯、樟腦等。

香椿

Toona sinensis (Juss.) M. Roem.

【科　　別】楝科

【別　　名】大紅椿樹、父親樹。

【植株形態】多年生落葉喬木，軸根分枝多，小莖幼時多柔毛。偶數羽狀複葉，互生，有特殊氣味，小葉長圓形至披針長圓形。圓錐花序頂生，花白色。蒴果成熟可開裂，褐色，種子具翅。

【生態環境】本地區庭園栽培，扦插繁殖。

【使用部位】樹皮、根皮、葉及果實。

【性味功能】性涼，味苦、澀。能止血、殺蟲、澀腸、燥濕、除熱、可治痢疾、泄瀉、小便淋痛、便血、血崩、帶下、風濕腰腿痛等。

【經驗處方】(1) 胃潰瘍出血：皮燒後，加忍冬藤8錢，水煎服。

　　　　　　(2) 十二指腸潰瘍：根皮6錢，水煎服。

　　　　　　(3) 痢疾：葉2～4兩，水煎服。

　　　　　　(4) 白帶：二層皮加四物湯煎服或燉服。

　　　　　　(5) 嘔吐：香椿葉7錢，生薑3片為引，水煎服，每日2次。

　　　　　　(6) 瘡癧腫毒：鮮香椿葉、大蒜等量，加食鹽少許，共同搗爛，外敷患處，每日2次。

　　　　　　(7) 尿道炎、滴蟲性陰道炎：鮮香椿葉2兩，水煎煮，熏洗局部，每日2次。

　　　　　　(8) 疥瘡：鮮香椿葉適量，加水適量煎5～10分鐘，取湯外洗患處，每日數次。

【注意事項】本植物的嫩葉可當香菜吃，也是糖尿病患者之最佳膳食。

埔鹽

Rhus chinensis Mill. var. *roxburghii* (DC.) Rehd.

【科　　別】漆樹科

【別　　名】羅氏鹽膚木、山埔鹽、山鹽青、鹽東花。

【植株形態】多年生落葉灌木，根分枝多而長，嫩枝被褐色柔色，皮
　　　　　　孔紅色。葉為奇數羽狀複葉，總葉柄及羽軸無翼，小葉
　　　　　　紙質4～8對，卵狀橢圓形至卵狀披針形，鈍鋸齒緣，背
　　　　　　面密被褐色毛。夏季開花，雌雄異株，圓錐花序頂生，
　　　　　　小花密生，萼5裂有毛，花瓣5片，黃白色。雄蕊5枚，
　　　　　　較花瓣略長，柱頭3裂。核果扁球形，熟時橙紅色。

【生態環境】本地區荒野到處可見，種子繁殖。

【使用部位】根、莖、葉。

【性味功能】性涼，味酸、鹹。能去風化濕、消腫、軟堅，可治咽喉
　　　　　　炎、咳血、胃痛、痔瘡出血、糖尿病等；鮮葉外敷毒蛇
　　　　　　咬傷、濕疹。

【經驗處方】(1) 治肺結核：根加桂花根各1把，燉瘦肉服。

　　　　　　(2) 治腹瀉：根適量，水煎服。

　　　　　　(3) 治蜂傷：鮮葉搗爛，絞汁擦傷處。

　　　　　　(4) 風濕性關節炎：鮮根1兩，半酒水，燉豬尾椎骨服。

　　　　　　(5) 治痔瘡：根2兩，加鳳尾草1兩，水煎服。

　　　　　　(6) 治酒精中毒：枝葉1兩加冰糖，煎服。

　　　　　　(7) 跌打傷：根、莖2兩，半酒水，燉瘦肉服。

　　　　　　(8) 脫臼、骨折、閃腰：根、莖2兩，燉豬尾服。

　　　　　　(9) 痛風：埔鹽頭、桂枝、紅雞屎藤各4錢，牛膝、六
　　　　　　　　　汗、椿根、風藤、虎骨、當歸、熟地、黃耆、白芍
　　　　　　　　　各3錢，炙甘草2錢，半隻公雞，半酒水燉服。

無患子

Sapindus mukorossi Gaertn.

【科　　別】無患子科

【別　　名】黃目樹、目浪樹、浪目子、洗手果。

【植株形態】多年生落葉喬木，軸根、莖幹粗，分枝多，莖有皮孔。葉互生，偶數羽狀複葉，小葉4～8對，紙質，卵狀披針形，無毛。圓錐花序頂生，有茸毛，花小，萼片與花瓣各5片，花瓣邊有細毛。核果肉質，球形，成熟時黃色，種子球形，黑色堅硬。

【生態環境】本地區平野、庭園可見，山坡亦可見，以種子繁殖。

【使用部位】根、莖、葉及種子。

【性味功能】性平，味苦。能清熱祛痰、消積殺蟲，可治喉痺腫痛、咳喘、食滯疳積、瘡癬等。

【經驗處方】(1) 腎結石：葉7片、含羞草5錢、六月雪5錢、雞內金3錢，煎湯服。

(2) 喉蛾：根3錢、鳳尾草3錢，水煎服。

(3) 白喉：皮5錢，水煎含漱，每日4～6次。

(4) 白帶：根4兩燉雞服。

(5) 癬：種子加醋煮沸，趁熱擦患部。

(6) 口腔炎：皮5錢，水煎後含口中。

(7) 各種癌症：二層皮4兩，水煎服。

(8) 哮喘：種子燒灰，每次2錢，沖開水服。

【成分分析】果殼含有豐富的皂素成分。

青脆枝

Nothapodytes foetida (Wight) Sleum.

【 科　別 】茶茱萸科

【 別　名 】臭馬比木。

【植株形態】青脆枝原產於蘭嶼島，係現今地球上含抗癌成分喜樹鹼最高的植物。它為雙子葉多年生灌木，成株高度3～3.5公尺，主幹直立，分枝多，因木質部纖細短及含水量高(60%以上)，容易折斷，故名「青脆枝」。葉柄5～8公分，葉長15～25公分，葉寬13～15公分，葉片兩面光滑，深綠色，葉脈明顯，葉形為橄欖球形頭尾漸尖。花為聚繖花序，花小，白色，雌雄同株，果實為核果呈橄欖狀，幼果果皮為綠色，成熟時呈紫紅色，最後落果前為深紫紅色，極似結在樹上的成熟葡萄。

【生態環境】因其屬熱帶及亞熱帶珊瑚礁岩風化土壤區之特殊植物，其最適合的土壤為pH6.5以上之中性排水良好有機質含量高之砂壤土或石礫壤土，生長最適。

【使用部位】成熟植株冬季落葉後之根、莖。

【性味功能】成熟之根、莖經萃取、純化與修正後，可獲得抗癌成分喜樹鹼，相當於紫杉醇對子宮頸癌、乳癌、大腸癌與肺癌均有很好的治療效果。

【注意事項】青脆枝含有毒蛋白，其毒性非常強，不能直接使用。

【產業發展】(1) 從1992～2007年(計15年)為日本養樂多公司的抗癌專利藥原物料，於臺東、高雄及嘉義等三地共與農民契作了300公頃。2008年專利結束即停止於臺灣的契作栽培。

(2) 目前仍有多家國際大藥廠希望於臺灣設栽培基地，
但由於各項條件尚未成熟，量化栽培的契機可能尚
須再繼續努力。

粉藤

Cissus repens Lam.

【科　別】葡萄科

【別　名】白粉藤、獨腳烏桕。

【植株形態】多年生藤本，塊根肥大，莖光滑無毛，披白粉。單葉互生，廣卵形，皺褶狀，疏鋸齒緣，有柄。聚繖花序與葉對生，淡綠色，花萼微小，花瓣4片，厚質，夏秋開花。漿果倒卵形，熟時紫色，種子1～2粒。

【生態環境】本地區平野低海拔山區，以塊根或扦插繁殖。

【使用部位】根、藤。

【性味功能】性平，味甘。塊根能清熱、涼血、解毒、消腫。藤能清肺、解毒。

【經驗處方】(1) 尿白濁：塊根1～2兩，水煎服。

(2) 瘡腫：鮮塊根搗爛外敷。

(3) 風濕：塊根3兩，水煎服。

(4) 頭瘡(即臭頭)、皮膚癢：塊根4兩，半酒水燉赤肉服。

(5) 疝氣：塊根2兩，半酒水燉赤肉服。

(6) 骨蒸勞熱、小便紅赤、膀胱炎、小便疼痛：塊根1兩，煎冰糖服。

(7) 瘰癧：塊根2兩，半酒水燉青殼鴨蛋服。

垂桉草

Triumfetta bartramia L.

【科　　別】田麻科

【別　　名】黃花虱母子、黃花地桃花、刺蒴麻。

【植株形態】半灌狀，高約1公尺，全株有毛，莖多分枝。葉互生，寬卵形或卵狀心形，三淺裂，上部小葉卵形或長卵形，不分裂，鋸齒緣，葉兩面均被有星狀毛，脈基三出。聚繖花序，數個聚生於葉腋，花黃色。蒴果近球形，具鋼毛，易粘人。

【生態環境】本種於臺灣各地闊葉林低海拔地區常見，尤其在邊坡河岸堤防，為河岸邊坡草花植物，好好欣賞，其實它很美。

【使用部位】全草可入藥，但葉含少量氫氰酸，故以外用為主。

【性味功能】性寒，味苦(淡、甘)。能利尿、化石、解毒、清熱、通淋、消炎、止癢、鎮痛、祛瘀，可治高血壓、石淋、風熱感冒等。

【經驗處方】(1) 小孩跌倒損傷：本鮮品1～2兩熬汁，加冰糖食之。(果實及根部)

(2) 香港腳：鮮葉直接搓患部，非常舒服。

(3) 體內環保排毒：鮮品2兩、玉葉金花1錢、魚腥草1兩半，共煎服(當藥茶不必太濃)，亦可預防腸病毒。

(4) 腎結石、尿路結石：鮮品1～2兩、山香圓2兩(必須鮮品)，共熬色，色濾渣，湯放半粒檸檬服之，怕酸者可加冰糖。

(5) 本品為外傷吊膏之主要藥品，煉膏藥者可參考使用之。

(6) 另外花較疏，枝小葉長者為長葉垂桉草(*Triumfetta pilosa* Roth.)，可治腹中痞塊、月經不調、風濕痛。

【注意事項】葉子及莖部(青色部)含少量氫氰酸，具毒性，勿服。外用能殺菌對香港腳癢奇效。

磨盤草

Abutilon indicum (L.) Sweet

【科　　別】錦葵科

【別　　名】冬葵子、磨仔盾草、帽仔盾、米藍草、朴子草、倒吊風、絮微草。

【植株形態】多年生亞灌木草本，主根分枝，莖高約2公尺，直立分枝多，全株有柔毛。單葉互生，葉柄長8～10公分，寬約5公分，圓卵形。花單生，腋生，黃色，花萼5裂，花瓣5片，夏季開花。果實蒴果，由16～18心皮組成，每心皮有種子2～3粒，形如小磨盤，種子黑色，心形。

【生態環境】本地區平野及山坡地可見，以種子繁植。

【使用部位】全草或根、莖。

【性味功能】性微寒，味甘、淡。能清熱祛風、祛痰潤肺、開竅活血，可治頭風、肺結核、耳疾、痔瘡、小兒發育不良(慢脾)、虛火牙痛等。

【經驗處方】(1) 耳聾：冬葵子頭2兩，加豬肉耳肉1個，半酒水燉服。

(2) 耳痛：果實(蒴果)30粒，燉赤肉3兩服。

(3) 小兒發育不良：根4兩，燉尾椎骨服。

(4) 偏頭痛：根(乾品)4兩、豬腦1付，燉湯服(特效)，連服3次可治癒。

(5) 肺結核：根1兩、岡梅1兩、十大功勞5錢，水煎服，每日服1劑連服才有效。

【注意事項】本品對頭痛效果特別好，但不可服太多次。

虱母

Urena lobata L.

【科　別】錦葵科

【別　名】紅花虱母子、紅花三腳破、(紅色)地桃花、野棉花、虱母球、肖梵天花。

【植株形態】直立半權木，株高超過1公尺，多分枝，具毛。單葉互生，有柄，下部葉近心形，上部葉橢圓形，較窄具淺裂，細鋸齒緣，先端短而尖，葉面較綠色，葉背淡綠或灰綠色，掌狀網脈。花單生或簇生於葉腋，色淡粉紅，中心(花藥)較深色，花絲連成管狀。蒴果扁球形，有鉤刺，種子約5粒。

【生態環境】半陰性植物，在闊葉林間、道路旁、溝渠、河堤、林間小道旁均可發現，喜有砂之土，土壤肥沃則成長快速，土質貧脊亦能搏命生存下來，只是生長不良。

【使用部位】全草(或根)。

【性味功能】性平，味微苦、辛，為消炎解毒之藥。能清熱解毒、祛風利濕、行氣活血，可治水腫、風濕、痢疾、吐血、刀傷出血、跌打損傷、毒蛇咬傷等。

【經驗處方】(1) 無名腫毒、癰疔毒：虱母子根2～3兩、大青(觀音串)2兩、雙面刺1兩、細葉饅頭果2兩、金銀花6錢、鈕扣茄8錢，共燉青殼鴨蛋，並治橫痃便毒。一劑分3次服用，可翻藥渣一次。

(2) 肺癰：虱母子根1兩、水雞爪2兩，共煎色，色和燉青殼鴨蛋，早晚各服一劑(不可翻藥渣)。

(3) 急性痢疾：地桃花根2兩、月桃頭1兩，水5碗煎2碗，分二次服用。

【注意事項】水雞爪即闊片烏蕨，苦則假貨，不苦才是真品。

白花虱母

Urena lobata L. var. *albiflora* Kan

【科　　別】錦葵科

【別　　名】白花虱母子、白花三腳破、白花假草棉、白花野棉花、白花肖梵天花。

【植株形態】常綠半灌木草本，高約50～120公分，多分枝，全株被柔毛。單葉互生，具長柄，莖下部葉近心形，上部葉橢圓至披針形，長3～8公分，寬1～6公分，基部近圓形或楔形，細鋸齒緣，有3～5不整狀淺裂，先端鈍或尖。花單生葉腋，副萼、花萼均5裂，花瓣白色，5片。蒴果扁球形，有鉤狀刺毛，熟時5裂。

【生態環境】半陰性植物，樹下林間亦能寄居，但太茂密之林蔭不適合生長，砂原、河岸、田野或路旁偶會碰上，因較少分佈，且民間對白花特別有興趣，所以一直沒見過較多的野生群落。本種與紅花虱母子較難區別，但開花時一眼即可看出。

【使用部位】全草(或根)。

【性味功能】藥效與前述原種植物「虱母」相近，民間實踐更公認本品的效用更強於虱母，但兩者通常混採混用。

【經驗處方】(1) 生癩瘡：白虱母子葉、楓香葉加入少許飯粒、黑糖，共搗敷患部。

(2) 糖尿病：白虱母子頭2兩、白粗糠頭2兩，共練色，色為茶喝。

(3) 婦女白帶：白虱母子頭1兩、山素英6錢、白龍船頭1兩、白刺莧頭1兩、龍眼根1兩，共煎水色，色濾起火燉排骨服之。

(4) 眼疾：白虱母子頭2兩、小本山葡萄頭2兩、貢杞2兩、白菊花8錢、白花野牡丹2兩，細剉浸酒21天後服用。

沉香

Aquilaria sinensis (Lour.) Gilg

【科　　別】瑞香科

【別　　名】白木香。

【植株形態】常綠灌木，成株高3～10公尺，有的樹齡大的也有超過
10公尺。葉互生，稍帶革質，廣披針形或倒披針形，長
5～9公分，先瑞呈尖狀，全緣。花期長，於臺東從4月
開始，至6月中間，花瓣白色，蟲媒花。授粉子房成熟
後漸大為綠果實，7月上旬開始陸續成熟，成熟果實對
裂後，黑褐色種子掉落，但每顆種子由細絲吊掛在裂開
的果皮下，頗似剛孵化的小鳥張開嘴嗷嗷待餔，至為特
殊。

【生態環境】本植物的原產地於中國南方及東南亞地區，其與一般木
本植物的相異之處為，如植株因環境因素而受到不等程
度的傷害，於傷口剛好有不同組成的菌群感染後，則菌
群於植物體內增殖漫延之際，沉香的木質部會產生複雜
的拮抗作用，因而形成所謂泌油或結香脂的現象，此含
油的木質其密度比水高，所以將其置於水中，會沉入水
底，故稱之為沉香。

【使用部位】結油的木質部。

【性味功能】性溫，味辛、苦。能行氣止痛、溫中降逆、納氣平喘，
可治心腹疼痛、氣逆喘息、噤口毒痢、呃逆嘔吐、冷風
麻痺、氣痢氣淋等。

【價值與應用】除了做為珍貴藥材外，於宗教界及香水香料市場上，一
直是高價的稀有珍品，目前拜科技之賜，已能採用人工
植菌方式令其結油，同時亦被聯合國華盛頓公約列為保
護及對某些國家禁止出口的物種產品。

(圖中尺規最小刻度為0.1公分)

刺五加

Acanthopanax senticosus (Rupr. & Maxim.) Harms

【科　　別】五加科
【別　　名】五加皮、一百針。
【植株形態】多年生落葉灌木，根長，莖枝密生細刺。掌狀複葉互生，小葉5片，有短柄，橢圓狀倒卵形至矩圓形，邊緣有銳尖重鋸齒。繖形花序，單個頂生或2～4個聚生，具多花，花單性，異株或雜株。核果漿果狀，近球形，有5稜，熟時紫黑色。
【生態環境】本地區可見庭園栽培，以扦插繁殖。
【使用部位】根、莖、葉、皮。
【性味功能】性溫，味辛、微苦。能健脾益氣、補腎安神，可治體虛乏力、食慾不振、腰部酸痛、失眠多夢等。
【經驗處方】(1) 抗疲勞：服刺五加片或粉。

　　　　　　(2) 抗腫瘤：服刺五加片或粉。

　　　　　　(3) 抗發炎、抗菌：服刺五加片或粉。

　　　　　　(4) 抗衰老：服刺五加片或粉。

　　　　　　(5) 治療肝斑：服刺五加片或粉。

　　　　　　(6) 風濕疼痛：五加皮5錢，水煎服，或加黃酒泡服。

　　　　　　(7) 腳氣浮腫：五加皮4錢、黃耆1兩，水煎服。

　　　　　　(8) 水腫、小便不利：五加皮、陳皮、生薑皮、茯苓皮、大腹皮各3錢，水煎服。

　　　　　　(9) 小兒筋骨痿軟，行走較遲：五加皮3錢，茜草、木瓜、牛膝各2錢，水煎服。

【成分分析】根含刺五加甙(Eleutheroside)、刺五加多醣，後者能增強人體免疫力。

長春花

Catharanthus roseus (L.) G. Don

【科　　別】夾竹桃科

【別　　名】四時春、日日春。

【植株形態】多年生草本，全株具白色乳汁，植株高約20公分，如長太長會倒伏。葉長圓形，交互對生，葉面光亮。花五瓣，高腳碟形，有粉紅色及白色兩色系品種，花期甚長，幾乎四季皆可欣賞它的花姿。蓇葖果成對，略叉開，種子黑色，表面具顆粒狀小瘤凸起。

【生態環境】長春花適合溫熱帶環境，適應力強，耐旱性高，對土質較不挑剔，乾燥的沙石地亦能生長開花，但如果有腐質土及適量水份，它將生長得更茂盛。

【使用部位】全草皆可用。

【性味功能】性涼，味微苦，有毒。能止痛、消炎、利尿、健胃、抗癌，可治痢疾、腹痛、血癌、淋巴肉瘤、肺癌、絨毛膜上皮癌、子宮癌等。

【經驗處方】(1) 治血癌：全草(鮮品)2錢，用水2碗煮成1碗服用。

(2) 治骨刺：日日春(白花種)之鮮葉7片，加水1碗半，煮成半碗服。

【注意事項】本植物因含70餘種生物鹼，所以使用要小心，量亦不宜太多。

酸藤

Ecdysanthera rosea Hook. & Arn.

【科　別】夾竹桃科

【別　名】白椿根、白漿藤。

【植株形態】多年生木質藤本，根長，枝柔弱，老枝暗棕色，新枝上部淡紅色，下部帶紅色。葉對生，闊橢圓形，先端急尖，基部楔形，全緣，紙質，無毛，上面深黃綠色，背面被粉，羽狀網脈於背面凸出且呈粉紅色。聚繖花序生於枝，花序柄具柔毛，粉紅色。

【生態環境】本地區山坡地野生，可扦插繁殖。

【使用部位】根及藤莖。

【性味功能】性寒，味甘、酸。能涼血、退肝火、消暑氣、散風、安胎，可治咽喉腫痛、口腔潰破、牙齦炎、慢性腎炎、食滯脹滿、癰腫瘡毒、水腫、泄瀉、風濕骨痛、跌打瘀腫等。

【經驗處方】(1) 治急性肝炎：根及藤莖1兩，加三點金草、茵陳各5錢，水煎服。

(2) 治失眠：根及藤莖2兩，水煎服。

(3) 治嘴破：根及藤莖2兩，水煎服。

(4) 治口腔炎、喉炎：根及藤莖4～8錢，水煎服。

(5) 治腰骨酸痛：根及藤莖3兩，燉豬腳服。

繖花龍吐珠

Hedyotis corymbosa (L.) Lam.

【科　　別】茜草科

【別　　名】水線草、珠仔草、定經草、繖(房)花耳草。

【植株形態】一年生草本，鬚根，莖多分枝。葉對生，無葉柄，條狀或條狀披針形。花序腋生，花2～5枚排列成繖房花序，花冠漏斗狀，白色。蒴果圓球形，萼宿存，種子多數而小。

【生態環境】本地區平野到處可見野生，以種子繁殖。

【使用部位】全草。

【性味功能】性平，味甘、淡。能清熱、解毒、活血、利尿、消腫，治乳蛾、肝炎、淋痛、咽喉腫痛、腸癰、瘧疾、跌打損傷等。

【經驗處方】(1) 治痢疾：本品2兩，水煎服。

　　　　　　(2) 治尿道炎：本品1兩，水煎服。

　　　　　　(3) 治急性盲腸炎：本品4兩、羊蹄草2兩、兩面針根3錢，水煎服。

　　　　　　(4) 治燙傷：鮮品數兩，水煎後洗患處。

【注意事項】本品民間稱「小白花蛇舌草」或「大白花蛇舌草」或「假白花蛇舌草」。

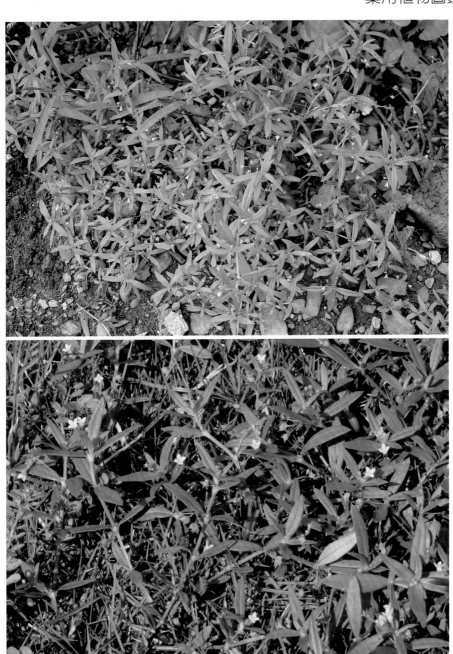

玉葉金花

Mussaenda parviflora Matsum.

【科　　別】茜草科

【別　　名】山甘草、白甘草、黏滴草、涼茶藤、白茶。

【植株形態】多年生藤狀灌木，軸根，莖藤狀，小枝有毛。葉對生，卵形或披針形，托葉2叉形，亦對生。花黃色，管狀，五裂，有一枚葉狀黃白色萼片相襯，黃白分明。果實圓球形，揉碎後有黏性。

【生態環境】本地區山坡地到處可見野生，可分芽繁殖或扦插繁殖，根上會長新芽。

【使用部位】根、莖。

【性味功能】性寒，味苦，有微毒。(1)根能清熱利濕、固肺滋腎、和血解毒，治肺熱咳嗽、腰骨酸痛、腎炎、瘧疾發熱等。(2)莖能解表清暑、活血化瘀、利水止痛，治感冒、中暑、咳嗽、咽喉炎、胃腸炎、泄瀉、腎炎水腫、小便不利、瘡瘍膿腫、跌打等。

【經驗處方】(1) 治腎炎、腸炎：本品加雙面刺、龍眼根各8錢，水煎服。

(2) 治腎炎水腫：本品加三白草、豨薟、桑白皮、鱧腸、馬鞭草各1兩，水煎服。

(3) 治支氣管炎、喉痛：本品5錢、半枝蓮4錢、刀傷草4錢、半邊蓮8錢、耳鈎草8錢，水煎服。

(4) 治中暑：本品加水豬母乳、白花草、夏枯草各1兩，鼠尾癀、白茅根各8錢，加黑糖水煎服。

(5) 治扁桃腺炎、喉炎、氣管炎、感冒：全草數兩，水煎服。

(6) 子宮出血：本品根5錢，水煎服。

(7) 治眼翳：根3兩，燉雞蛋服。

【注意事項】本品有小毒，注意使用方法以免中毒。

雞屎藤

Paederia foetida L.

【科　　別】茜草科

【別　　名】牛皮凍、雞香藤、五德藤。

【植株形態】多年生藤本，根細，莖枝圓形，分枝多而長。葉對生，卵形或橢圓形，大小形態變化大，揉碎時有雞屎味。花白色，帶有紫色，鐘形，腋生或頂生圓錐花序。果球形，熟時草黃色。

【生態環境】本地區荒野到處可見，以種子繁殖。

【使用部位】全草或根。

【性味功能】性平，味甘、酸。能祛風活血、止痛解毒、消食導滯、除濕消腫，可治風濕痛、腹瀉、痢疾、無名腫毒、跌打損傷等。

【經驗處方】(1) 治咳嗽：全草燉豬腸服。

(2) 治睪丸炎：葉莖適量，半酒水煎服。

(3) 預防感冒：根數兩燉鱔魚服。

(4) 治感冒：葉乾後研末白開水送服。

(5) 治月內風：頭3～4兩，半酒水燉雞服。

(6) 治關節風濕：根1～2兩，半酒水煎服。

(7) 治熱咳：藤水煎後，沖太白粉服。

耳鉤草

Heliotropium indicum L.

【科　別】紫草科

【別　名】蟾蜍草、狗尾草、狗尾蟲、肺炎草、大尾搖、金耳墜。

【植株形態】一年生直立草本，主根分枝，莖直立，被粗毛，綠色。葉對生或互生，卵形或卵狀矩圓形，葉緣不規則鈍鋸齒形，有葉柄，綠色有柔毛。總狀花序頂生或與葉對生，花萼綠色，5裂，花冠管狀，淺藍色或藍白色，花穗上長數排。果實長約8公分，尖端有鉤。

【生態環境】本地區庭園栽培，以種子繁殖。

【使用部位】全草或根。

【性味功能】性平，味苦。能清熱解毒、利尿消腫，可治肺炎、咽喉痛、咳嗽、癰腫、膀胱結石、肺積水、帶狀疱疹等。

【經驗處方】(1) 肺炎：鮮品加落地生根、千舌廣、甜珠草各4兩，水煎當茶喝。

(2) 咽喉痛：鮮葉數片洗淨，放入口中咬吞汁。另方：鮮草4兩加黑糖煎，當茶喝。

(3) 咳嗽：鮮草絞汁調蜜服。

(4) 癰腫：鮮葉2兩加冷飯，搗爛外敷。

(5) 膀胱結石：鮮根2兩，水煎服。

(6) 肺積水：鮮草4兩，水煎加黑糖當茶喝。

(7) 帶狀疱疹：鮮葉搗汁外敷。

(8) 肝病：鮮草8兩，蘆薈1葉，燉赤肉服。

(9) 肺膜蓄膿：全草、金櫻根、天芥菜各3錢，水煎服。

(10) 睪丸腫痛：鮮根2兩，水煎服。

康復力

Symphytum officinale L.

【科　　別】紫草科

【別　　名】康福利、康富力。

【植株形態】多年生草本，根深植，全株有毛，高約30公分。葉長橢圓形，叢生。夏季自莖部抽出花穗，開淡紫色花，排列成總狀花序，高可達90公分。葉似土大黃，又似菸草，花也似菸草。

【生態環境】生於全島各地田間。

【使用部位】全草皆可用。

【性味功能】性溫，味淡。能補血、止血、止瀉、防癌，治高血壓、瀉痢、創傷出血等。

【經驗處方】(1) 治肺癌：葉煮水當茶飲用，每次約4兩。

(2) 抗癌：鮮葉或根絞汁或水煎服。

(3) 止血：以鮮葉搗碎，敷貼患處。

(4) 高血壓：葉7片，水煎服。

(5) 糖尿病：康復力、清明草、南五味子、七葉膽、芭樂葉、香椿各1兩，水煎服。

(6) 增強性能力：康復力鮮葉、鮮山藥共搗碎，加蜂蜜喝。

(7) 脂肪肝：康復力、石上柏、小本七層塔、梔子根、白花蛇舌草、車前草、忍冬藤、山楂各5錢，水煎服。

(8) 乾眼症：康復力、枸杞子各適量，煮茶喝。

【成分分析】全草含有豐富之維他命B群，有補血作用。

石莧

Phyla nodiflora (L.) Greene

【科　　別】馬鞭草科

【別　　名】鴨舌癀、過江藤。

【植株形態】一年生匍匐草本，鬚根，莖分枝有節，節上生根，被小粗毛。葉對生，葉柄短，倒卵形，先端鈍，基部楔形，葉緣上有鋸齒。穗狀花序卵形或圓柱形，花序柄直立，腋生，苞片卵形或倒卵形，花莖2裂，花冠粉紅色。果實廣卵形，成熟時分裂為2個有嘴的瘦果，種子細小。

【生態環境】本地區溫濕地或庭園栽培。

【使用部位】全草或葉。

【性味功能】性寒，味辛、苦。能清熱解毒、祛風消腫、調經理帶，可治扁桃腺炎、喉蛾、帶狀疱疹、月經不調等。

【經驗處方】(1) 扁桃腺炎、喉蛾：鮮品2兩加冰糖，燉湯服。另方：鮮品1兩搗汁，加蜂蜜服。

(2) 帶狀疱疹：鮮葉1～2兩搗爛，加雄黃粉調外敷。

(3) 調經理帶：鮮葉1兩切碎，炒熟加雞蛋調煎麻油服。

(4) 喉癌：鮮品搗汁，加蜂蜜服。

(5) 痢疾：鮮品4兩，水煎服。

(6) 口角疔：鮮品加黑糖少許，搗爛外敷。

(7) 牙疳：鮮品2兩，鴨蛋1個，水燉服。

(8) 癰疽腫毒：鮮品合飯粒，搗敷患處。

【注意事項】本草有小毒，用量不可過多。

【成分分析】全草含黃酮成分，以及過江藤素。

風輪菜

Clinopodium chinense (Benth.) Kuntze

【科　　別】唇形科

【別　　名】小本夏枯草、蜂窩草、風輪草。

【植株形態】多年生草本，鬚根，莖多分枝，全體被柔毛。葉對生，卵形，具鋸齒緣。花密集成輪繖花序，腋生或頂生，花冠淡紅色或紫紅色。種子很小。

【生態環境】本地區原野野生或庭園栽培，以種子繁殖。

【使用部位】全草。

【性味功能】性涼，味辛、苦。能疏風清熱、解熱消腫，治感冒、中暑、急性膽囊炎、肝炎等。

【經驗處方】(1) 治爛頭疔：鮮品適量加茶花葉適量，搗爛外敷。

(2) 治疔瘡：鮮品適量搗爛外敷。另方：乾品研末，調菜子油外敷。

(3) 治外傷出血：鮮葉適量，搗爛外敷。

(4) 治感冒寒熱、痢疾：本品1兩，水煎服。

(5) 治狂犬咬傷：本品根頭7個搗爛，泡二次洗米水後，加白糖煎服。

(6) 肝炎：本品1～2兩，水煎服。

(7) 中暑腹痛：本品5錢、青木香根2錢，水煎服。

(8) 乳癰：鮮品加紅糖各1兩，酌加開水燉服；另用鮮葉1握，加紅糖搗爛外敷。

(9) 蕁麻疹、過敏性皮膚炎：本品適量，煎汁外洗。

(10) 感冒頭痛：本品3錢、生薑2片、蔥白2個，水煎服。

(11) 婦人血崩(血熱型)：本品1兩，生地黃、側柏葉各5錢，加入冰糖少許，水煎服。

彩葉草

Coleus scutellarioides (L.) Benth.

【科　　別】唇形科

【別　　名】八卦草、五色草、洋紫蘇、小鞘蕊花。

【植株形態】多年生草本，莖直立，四方形。葉對生，有柄，葉片橢圓形，先端漸尖，粗鋸齒緣，葉面有淡紫色、暗紅色、黃色等，有斑紋色彩多變。穗狀花序頂生，節節輪繖著生，花冠淡紫色，花萼5裂，花冠唇形。

【生態環境】本地區可見庭園栽培，以扦插繁殖、分芽繁殖。

【使用部位】枝葉。

【性味功能】性涼，味微辛。能清熱解毒、消積祛痰、化瘀，可治瘡瘍、疥瘡、肝炎等。

【經驗處方】(1) 治熱咳：本品2兩，水煎服可加冰糖。

(2) 喉痛：鮮葉2兩，搗汁加鹽服。

(3) 肝炎：全草2兩，水煎服。

(4) 腫毒：鮮葉搗爛外敷。

(5) 丹毒：全草2兩，水煎加黑糖服。

(6) 瘡瘍：鮮葉與紅糖等量，搗爛外敷。

(7) 喉癌：彩葉草、散血草、康復力、刀傷草、蒲公英、一葉草各1兩，水煎服。

(8) 避邪：彩葉草、白茅等量，沖溫水洗臉或沐浴。

金錢薄荷

Glechoma hederacea L. var. *grandis* (A. Gray) Kudo

【科　　別】唇形科

【別　　名】連錢草、馬蹄草、相思草、金錢草。

【植株形態】多年生匍匐性草本，莖具稜，貼地面，於節上長1葉柄，節下長根。葉如馬蹄形，葉緣有圓齒形，葉和柄均有細毛。春末開花，自葉節抽花梗，花淡紫色。

【生態環境】本省原野均可生長，喜陰濕的壤土，如有鬆軟的腐質土繁殖更佳，繁殖方法可用種子直接播撒或採成熟的匍匐莖數節，淺歷地面遮蔭數日，給予適量水分即能長新株。

【使用部位】全草。

【性味功能】性溫，味辛，有特殊味道。能解毒、利尿、解熱、行血、消腫、止痛、祛風、止咳，可治跌打扭傷、中風、關節炎等。

【經驗處方】(1) 治中風：金錢薄荷與白尾蜈蚣各3兩，共搗汁加蜂蜜服。

(2) 治跌打損傷：金錢薄荷搗爛，貼敷傷處，亦可內服。

(3) 尿道或膀胱結石：金錢薄荷、貓鬚草、車前子，水煎服。

(4) 腦震盪：鮮品搗汁加蜜服。

(5) 減肥：全草乾品5公克，水2000c.c.，煎30分鐘後剩1000c.c.，分3次服。

(6) 腮腺炎：全草1把洗淨，加鹽搗爛，外敷腫痛處。

仙草

Mesona chinensis Benth.

【科　　別】唇形科

【別　　名】仙草舅、仙人凍、涼粉草。

【植株形態】一年生草本，鬚根，莖下部伏地，上部直立，全株被疏長毛。葉對生，卵形或卵狀長圓形，葉緣有小鋸齒，兩面有疏長毛。輪繖花序頂生或腋生，排列成總狀，長可達15公分，花冠淡紅色，苞片葉狀。果實小堅果狀，倒卵圓形，有縱紋。

【生態環境】本地區可見庭園栽培，以扦插或分芽繁殖。

【使用部位】全草。

【性味功能】性涼，味甘、淡。能清熱、解渴、涼血、解暑、降血壓，可治中暑、感冒、肌肉痛、關節痛、高血壓、淋病、腎臟病、臟腑熱病、糖尿病等。

【經驗處方】(1) 預防中暑：乾品3兩，燉雞服。

(2) 治濕疹：久年乾品4兩，水12碗煎4碗後，燉雞服。

(3) 治肺癆久咳：乾品燉雞服。

(4) 治糖尿病：本品3兩加萬點金，水煎服。

(5) 治高血壓、孕婦安胎：本品4兩，水煎服。

(6) 治小兒發育不良：本品加雷公根各2兩，水煎後燉雞服。

(7) 清暑解渴：本品數兩，水煎當茶喝。

(8) 治痢疾：本品加敗醬草各1兩，水煎服。

(圖中尺規最小刻度為0.1公分)

紫蘇

Perilla frutescens (L.) Britt.

【科　　別】唇形科

【別　　名】紅紫蘇、白紫蘇、皺葉紫蘇、荏菜、黑蘇、赤蘇、回回蘇。

【植株形態】一年生草本，具獨特香味，莖直立，高約60～140公分，鈍四稜形，山上原生有綠白色者，培植有紫綠色及全紫色之品系，以全紫色者味最濃，有節多分枝，枝葉節處生出，全株密佈細毛，觸感很好。單葉對生，皺狀卵圓形，鋸齒緣，長約5～10公分，寬約3～5公分。總狀花序腋生或頂生，苞片卵形，萼鐘形，花冠管狀，上唇2裂，花期約在每年6～9月間。小堅果卵形，種子褐色，細小。

【生態環境】臺灣全島針葉林下方即開始有原生被白短毛，綠白色紫蘇分佈，一般栽培，以庭園、菜圃大致會種植。

【使用部位】果實(藥材稱蘇子或紫蘇子)、莖(藥材稱蘇梗或紫蘇梗)、葉(藥材稱蘇葉或紫蘇)。

【性味功能】性溫，味辛。蘇子入大腸、肺經，能調中潤腸、潤肺平喘、補虛勞、利大小便(諸香皆燥，惟有蘇子獨潤)。蘇梗入脾、胃、肺三經絡，能使滯行立氣上下宣行，順氣諸葉此藥最良。蘇葉入肺、脾經，能發表散寒、調和營衛、消痰利肺、和血溫中、止痛定喘。

【經驗處方】(1) 男子陰囊腫痛：白紫蘇搗爛合醋調敷。

(2) 傷寒胸中痞滿、不思食：天花3錢、蘇梗5錢、陳皮3錢、茯神3錢、大腹皮4錢、半夏3錢、生石膏3錢、甘草2錢、水煎服。煎第三劑時石膏可以不用。

(3) 感冒風寒：紫蘇、荊芥、防風、陳皮、桑皮各5錢，
生薑3片，大棗6枚，葛根3錢，薄荷2錢，柴胡3錢，
水煎開，小火5分鐘即熄火。

(4) 解魚蝦中毒：葉適量加黑糖，水煎服。

【注意事項】此藥不能久煎，否則藥氣揮發掉，只剩藥渣則無效。

到手香

Plectranthus amboinicus (Lour.) Spreng.

【科　　別】唇形科

【別　　名】左手香、印度薄荷。

【植株形態】(1)多年生半蔓性或半匍匐性草本，莖呈圓柱形，主莖若自然伸長，可達150公分以上，莖上葉節呈膨大凸狀，全株含水量高，細胞細短，受外力易斷裂，折裂或受傷之植株傷口與空氣接觸後，易氧化成黑褐色。葉對生，葉柄短呈扁圓形，葉片呈桃心形，葉片正反面與莖枝均長有白色茸毛，長度約2～3mm。(2)生育過程若遇溫度過低，水分不足以及缺乏土壤營養時，則植株葉片變凹形，葉面積縮小並加厚而節間縮短，莖部木質化內部呈中空狀，另莖枝頂端開始抽穗，進入生殖生長期，花朵為穗狀花序，花冠唇形，淡紫紅色。

【生態環境】本地區可見庭園栽培，以扦插繁殖為主。(1)溫度：對其生長速度影響最大的氣候因素為溫度，生長最適合之溫度為25℃，低於20℃生長緩慢，低於15℃生長停止，所以全年於臺東地區栽培最適之月份為4月上旬開始至10月下旬期間，冬季期間寒流來襲時，葉片變硬厚、節間縮短，葉片黃化，莖部木質化色澤呈褐色，此為植株老化現象，產量銳減，指標成分亦隨之不足，此時宜行宿根處理。(2)水分：水分對其生長亦為影響最大的因素，到手香雖為耐旱性非常強之植物，其植株之水分含量平均在90～95%之間，此與仙人掌科植物之含水量很相近，所以如溫度適合供水充足情況下，其生長速度亦相對加快。

【使用部位】葉片(或全草)。

【性味功能】性寒，味辛(辣)。能消炎、消腫、解毒、止痛，可治中耳炎、牙痛、喉痛、腫毒、嘴破、肺炎、咳嗽、富貴手、燙傷、血癌、虎頭蜂咬傷等，另可作賽鴿藥。目前，已有生技公司成功研發成糖尿病患傷口癒合外用藥膏，或蚊蟲咬傷外用膏。

【經驗處方】 (1) 外傷瘀血、紅腫：取新鮮全株搗碎外敷，有消炎、消腫、化瘀作用。

(2) 牙痛：取鮮葉數片洗淨，揉碎放入口中牙痛處，咬緊數分鐘後可止痛。

(3) 喉痛：鮮葉數片洗淨，搗汁加鹽內服。

(4) 嘴破：鮮葉數片洗淨，揉碎放入口中咬汁，含嘴裡數分鐘後可止痛。

(5) 腫毒：鮮葉數片，搗爛外敷患處。

(6) 肺炎：鮮品全草搗汁加鹽或蜜服。

(7) 咳嗽：鮮品全草加冰糖醃起來，數天後其汁加熱，並以開水沖服。

(8) 富貴手：鮮葉浸酒數天後，用棉花棒塗患處。

(9) 燙傷：鮮葉搗爛外敷。

(10) 虎頭蜂咬傷：鮮葉加薑搗爛，加酒外敷。

(11) 血癌：鮮品加鼠尾癀搗汁服。

(12) 賽鴿藥：葉加飼料養鴿，可增加飛行耐力。

(13) 眼睛紅腫：汁用消毒棉擦眼睛。

(14) 中耳炎：取鮮葉片絞汁，滴入耳內數滴。

(15) 夏季飲品：鮮葉1斤與砂糖或蜂蜜半斤，分層醃漬於玻璃罐內，經2個月可經過濾淨得濃縮汁，經稀釋當夏季清涼解熱的飲品。

夏枯草

Prunella vulgaris L.

【 科　　別 】唇形科

【 別　　名 】鐵色草、大頭花。

【植株形態】一年生草本，鬚根，莖方形，
全株密生細毛。葉對生，橢圓
狀披針形，葉全緣或略有鋸
齒。輪繖花序頂生，呈穗狀，
花冠紫色，唇形，下部管狀，
上唇帽狀，2裂，下唇半展，3
裂，夏天開花。小堅果褐色，
長橢圓形。

【生態環境】本地區可見庭園栽培，分芽繁
殖或播種，半日照。

【使用部位】全草(或果穗)。

【性味功能】性寒，味苦、辛。能清肝解毒、舒筋活絡、降血壓、散
結，可治目赤腫痛、目珠夜痛、頭痛眩暈、瘰癧、癭
瘤、乳癰腫痛、乳腺增生症、高血壓等。

【經驗處方】(1) 治急性扁桃腺炎、咽喉痛：全草2～3兩，水煎服。

(2) 治肺癰：花4兩燉雞服。

(3) 治高血壓：全草加決明子各1兩，水煎服。

(4) 治甲狀腺瘤：本品加絲瓜各1兩、甘草2錢，水煎
服。

(5) 治乳癰：全草1兩、蒲公英1兩，酒煎服。

(6) 治輻射線感染症：全草1兩，水煎服。

【注意事項】脾胃虛弱者少用。

(圖中尺規最小刻度為0.1公分)

荔枝草

Salvia plebeia R. Br.

【科　　別】唇形科

【別　　名】百嬌、小本七層塔、賴斷頭草。

【植株形態】草本植物，莖方形，節間分枝長葉子，被有短柔毛。葉近長橢圓形，先端鈍，基部圓形或楔形，邊緣鈍圓鋸齒。輪繖花序2～6簇，腋生或頂生，聚成多輪形的總狀花序，花冠有紫色及白色兩種，長約4～5毫米，冠筒基部具毛環。小堅果倒卵圓形，有腺點，褐色。

【生態環境】本品適性強，但以低海拔河川沙原地，為其主要分佈地，喜溫性，對土質不苛求，但需利水良好之砂礫壤土最為適合栽培，因植株優美而稱之百嬌，生態中長在砂礫土，不易拔取，往往近頭之處即斷捨，故名「賴斷頭草」。

【使用部位】全株均可入藥。

【性味功能】性涼，味微辛。能清熱涼血、保護肝臟、消除腫毒、抗癌，可治肝癌、咽喉腫痛、癰腫瘡毒、乳癰、痔瘡腫痛、咳嗽痰喘、咳血、吐血、水腫腹脹、跌打損傷等。

【經驗處方】(1) 本品全株約一握、小向日葵約2兩，用黑糖共煮，水2000c.c.煮約滾後20分鐘(小火)，把渣濾起，夜間漂露，隔宿放冰箱當茶喝，對肝病變(硬化)水腫、各肝症有療效，亦能解酒精中毒。

(2) 癰疔腫毒：取鮮品之葉和紫背草各半，搗黑糖敷患處。

(3) 肺結核：六神草花5朵、本品1兩半，共煎服之。

(4) 紫斑病：仙鶴草1兩、本品1兩，水3碗煎碗半服之。

(5) 支氣管炎：本品鮮1兩半、鐵馬邊7錢，共煎服。

(6) 帶狀疱疹：鮮品適量搗爛外敷。

【注意事項】本品與土荊芥極相似，但絕非土荊芥，辨別法：本品葉脈呈網狀，毛極短，葉緣純鋸齒，先端鈍橢圓；土荊芥毛較長，葉直非網狀葉，質較柔，風吹葉子跟著上下動搖，葉端尖，色澤較淡黃，應分清楚才使用，不可混淆。

【成分分析】全草含黃酮甙。

野蕃茄

Lycopersicon esculentum Mill. var. *cerasiforme* (Dunal) A. Gray

【科　　別】茄科

【別　　名】小蕃茄、甘仔蜜、櫻桃蕃茄。

【植株形態】一年生或多年生草本，根細，莖柔弱，且觸地生根，伏地仰生，全株被柔毛。葉互生，奇數羽狀複葉，葉緣呈不規則狀。聚繖花序側生，花萼5～6裂，裂片線狀披針形，花冠黃色，先端5～6裂。漿果球形或扁球形，未成熟綠色，成熟時橙黃色。

【生態環境】本地區田野到處可見野生，以播種繁殖。

【使用部位】果實、根、莖、葉。

【性味功能】果實性寒，味酸、甘。能生津止渴、健胃消食，可治口渴、食慾不振、高血壓等。

【經驗處方】(1) 治尿酸高、痛風：根、莖2兩，三腳鱉2兩，水煎服。

(2) 治痛風：果實2兩、小黃瓜2兩、檸檬1粒，打汁服。

(3) 治高血壓：每天吃果實數十粒。

(4) 治刀傷：鮮葉搗爛外敷。

(5) 治下消症：根、莖5兩，燉豬小腸服。

(6) 治瘧疾：葉2兩，水煎服。

【注意事項】本種的果實直徑小於2公分，可與原種番茄區別。

苦蘵

Physalis angulata L.

【科　　別】茄科

【別　　名】燈籠草、炮仔草、疔人仔草。

【植株形態】一年生草本，根多分歧，莖斜臥或直立，中空，分枝多。葉互生，卵圓形或長圓形，先端短尖，基部斜圓形，全緣或不規則淺鋸齒。花單生於葉腋，花萼鐘形，花冠淡黃色，亦鐘形。漿果球形，黃綠色，宿萼在結果時膨大，如燈籠，種子扁圓形。

【生態環境】本地區山坡、平野、庭園到處可見野生，以種子繁殖，品種分有毛及無毛兩種。

【使用部位】全草。

【性味功能】性寒，味苦。能清熱解毒、消腫散結、袪風、利尿、止痛，可治咽喉腫痛、疝腮、牙齦腫痛、急性肝炎、細菌性痢疾、蛇傷等。

【經驗處方】(1) 治疔瘡：果去殼，搗爛外敷患處。

(2) 治天疱瘡：果搗爛絞汁擦患處。

(3) 治咽喉腫痛：鮮草全草搗汁，約1湯匙沖開水服。

(4) 治百日咳：鮮品5錢加白糖或冰糖，水煎服。

(5) 治牙痛：鮮果搗爛含在嘴裡。

(6) 治黃疸：全草2兩，水煎濃湯加黑糖服。

(7) 治農藥中毒、皮膚癢：本品適量，水煎服。

(8) 治細菌性痢疾：本品1兩，水煎服。

(9) 治卵巢炎、子宮炎：全草與小本白花草、鐵馬邊、益母草、鴨舌癀各4錢，水煎服。

(10) 治腸風、腹痛、氣脹：全草7錢，桃仔葉1錢半，半酒水煎服。

山煙草

Solanum erianthum D. Don

【科　　別】茄科

【別　　名】土煙、山番仔煙、蚊仔煙、假煙葉樹。

【植株形態】多年生小喬木，具軸根，全株均被灰白色粉狀毛。葉互生或近對生，葉大而厚，全緣或略帶波狀，葉背蒼白色，密被柔毛。花白色，聚繖花序排列成繖房狀，頂生或側生。漿果球形，黃褐色，初生星狀毛，而後漸脫落，種子扁平。

【生態環境】本地區田野野生或田園栽培，以種子或扦插繁殖。

【使用部位】根及莖。

【性味功能】性微溫，味辛、苦，有小毒。能祛風、除濕、消腫、殺蟲、止癢、止血、止痛、行氣、生肌、強壯、止痢，可治癰瘡腫毒、蛇傷、濕疹、腹痛、骨折、跌打腫痛、小兒泄瀉、陰挺、外傷出血、皮膚炎、風濕痺痛、外傷感染等。

【經驗處方】(1) 治顏面神經痛：土煙頭1兩、龍眼根1兩，燉尾椎骨服。

(2) 治全身神經痛：土煙頭1兩、豨薟草6錢，水煎服。

(3) 治坐骨神經痛久年不癒者：土煙頭2兩、一條根1兩，燉尾椎骨服。

(4) 治手腳痛風：土煙頭鮮葉數兩搗碎，調酒炒熱，推擦患處或外敷患處。

(5) 治扭傷：土煙頭鮮葉1兩、麵粉半兩、生薑2片，搗爛外敷患處。

(6) 治感冒或酒後感風：頭1兩，水煎服。

(7) 治久年頭暈痛：土煙頭1兩，燉赤肉服或水煎服。

【注意事項】本品有小毒，注意使用量。

【成分分析】本品含龍葵甙、澳洲茄邊鹼、茄解鹼等。

龍葵

Solanum nigrum L.

【科　　別】茄科

【別　　名】烏甜仔菜、黑子仔菜、苦菜、苦葵、天茄子。

【植株形態】一年生草本，根分枝多，莖直立，多分枝。葉互生，卵形，全緣或不規則波狀齒。花序短蠍尾狀，腋生，有4～10朵花，花萼杯狀，花冠白色。雄蕊5枚。漿果球形，成熟時紫黑色，種子扁圓形。

【生態環境】本地區田野山坡到處可見，以種子繁殖。

【使用部位】全草。

【性味功能】性寒，味苦、微甘。能消腫散血、利尿解熱，可治癰腫、丹毒、疔瘡、跌打、慢性咳嗽痰喘、水腫、癌腫等。

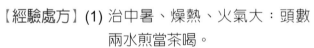

【經驗處方】(1) 治中暑、燥熱、火氣大：頭數兩水煎當茶喝。

(2) 治脫肛症神效：頭1兩，燉瘦肉服。

(3) 治牙痛、喉痛：龍葵頭、蒼耳頭、水丁香、栀子根、酢漿草各5錢，加冰糖水煎服。

(4) 治無名腫毒：鮮品頭加虱母子頭各1兩，水煎服。

(5) 治痔瘡：乾品頭2兩，燉豬大腸頭一段服。

(6) 治急性乳腺炎：頭2兩，水煎服，一天服2次。

(7) 治肝癌、卵巢癌、骨癌：鮮品2兩加半枝蓮4兩、紫草5錢，水煎服。

【成分分析】全草含龍葵鹼，吃多傷胃腸。

甜珠草

Scoparia dulcis L.

【科　　別】玄參科

【別　　名】野甘草、珠仔草、雞骨癀。

【植株形態】多年生草木，根分枝多，莖多分枝，有縱稜。葉對生或三片輪生，披針形至橢圓形，中部以下全緣，上部齒狀。4～6月開花，生於葉腋，有細長之花梗，花小，白色，萼片、花瓣、雄蕊均為4枚。蒴果球形。

【生態環境】本地區到處可見野生，以種子繁殖。

【使用部位】全草。

【性味功能】性涼，味甘。能涼血、退熱、解毒，可治肺熱咳嗽、外感風熱、泄瀉、痢疾、小便不利、小兒疳積、腳氣、濕疹、小兒麻疹、熱痱、咽喉腫痛、蛇傷、糖尿病等。

【經驗處方】(1) 治肝炎：全草2兩、紅棗3粒，水煎服。

(2) 治肺炎：全草3兩、茄冬根3兩，水煎服。

(3) 治肝病：全草2兩，燉雞服或鮮草搗汁服。

(4) 治淋病：全草1兩、金絲草1兩，加冰糖，水煎服。

(5) 治痢疾：全草2兩、魚腥草2兩，水煎服。

(6) 治喉炎：鮮品4兩搗汁，調蜜服。

(7) 治酒後風感：鮮品數兩搗汁，沖熱酒服。

(8) 治高血壓：本品1～2兩，水煎服。

(9) 治吐血：全草與側柏適量合用，水煎服。

(10) 治丹毒：鮮品2兩加食鹽少許，水煎服。

【注意事項】有小毒。

狗肝菜

Dicliptera chinensis (L.) Juss.

【科　　別】爵床科

【別　　名】華九頭獅子草、六角英。

【植株形態】一年或多年生直立草本,莖四稜形,節膨大。單葉對生,卵形,基部楔形,先端尖,全緣,具長柄。花小,粉紅色,聚繖花序腋生,花冠唇形。蒴果短柱形,種子扁圓,褐色。

【生態環境】臺灣全境平野或林蔭下均能見其生長群落,可用莖扦插,亦可用種子繁殖。

【使用部位】全草。

【性味功能】性寒,味微苦、甘、淡。能清熱解毒、涼血、利尿、清肝熱、生津,可治感冒發熱、癰腫、目赤腫痛、痢疾等。因對久熱不退之症能有效瀉火、清肝熱,功能近似羚羊角,而被喻稱「本地羚羊」。

【經驗處方】(1) 胃熱,吃很多全身起紅斑:狗肝菜2兩、虎咬癀2兩,共煮成茶,冰糖微甜即可,服之速癒。

(2) 流行性乙型腦炎:狗肝菜1兩、丁豎杇1兩、車前草6錢、闊片烏蕨1兩,共煎成藥茶,把渣濾出,將八卦癀(球形仙人掌),刺剪掉搥汁混合,並用冬蜜30c.c.加入,放冰箱當茶服(要吃時先取出退冰)。

(3) 感冒發熱:狗肝菜乾品約1兩半、矮爵床1兩、岡梅根1兩、六月雪1兩、戟菜2兩共煎,分三次服之。

(4) 中暑:本品加黑糖,水煎服。

【成分分析】全草含有機酸、氨基酸、醣類等。

小駁骨丹

Gendarussa vulgaris Nees

【科　　別】爵床科

【別　　名】尖尾鳳、澤蘭、接骨筒、尖尾峰。

【植株形態】多年生小灌木，具軸根，莖節膨大，紫褐色或綠色。葉對生，有短柄，披針形，先端漸尖，基部漸尖，全緣。花白色或粉紅色，唇形，每花有一對小苞片，形成一頂生或腋生的穗狀花序。

【生態環境】本地區野生或庭園栽培，可扦插繁殖或分芽繁殖。

【使用部位】莖、葉、根。

【性味功能】性溫，味辛、苦。能祛瘀生新、消腫止痛，可治跌打損傷、骨折、風濕骨痛等。

【經驗處方】(1) 治手腳神經痛：本品加楓寄生、埔銀、山煙草、鈕仔茄、一條根各5錢，水煎服。

(2) 治筋骨酸痛：鮮品枝葉5兩，水煎服。

(3) 治經痛：莖葉1兩，水煎服。

(4) 治月經不調：本品加益母草、石莧各1兩，半酒水燉赤肉服。

(5) 治骨折、無名腫毒：鮮品搗爛或乾品研末，用酒醋調外敷。

(6) 治風濕性關節炎、扭傷：本品1～2兩，水煎服。

(7) 治跌打損傷：根、莖1～2兩，水煎服或鮮品搗爛酒炒後趁熱推擦。

(8) 治咳嗽：本品加大風草、雞屎藤各5錢，水煎服。

【注意事項】本品孕婦需慎用。

【成分分析】全草含生物鹼、揮發油等。

白鶴靈芝

Rhinacanthus nasutus (L.) Kurz

【科　　別】爵床科

【別　　名】仙鶴草、白鶴草、仙鶴靈芝草、癬草、靈芝草。

【植株形態】多年生灌木，幼枝被毛，莖圓柱形，節稍膨大。單葉對生，橢圓形，先端稍鈍或尖，基部楔形，全緣，下面葉脈明顯，兩面均被毛。花冠呈高腳碟狀，白色，上部為2唇形，整個花冠形似白鶴棲息之狀。

【生態環境】本地區多見零星栽培，亦有廠商契約進行大量栽培者，以扦插繁殖為主。

【使用部位】全草(或枝葉)。

【性味功能】性平，味甘、淡、微苦。能潤肺止咳、平肝降火、消腫解毒、殺蟲止癢，治勞嗽、疥癬、濕疹、便秘、高血壓、糖尿病、肝病、肺結核、脾胃濕熱等。近來民間亦流行以本品進行藥浴，一般認為有護膚美容、消除疲勞之效。

【經驗處方】(1) 治早期肺結核：鮮白鶴靈芝枝、葉1兩，加冰糖水煎服。

(2) 治咳血：白鶴靈芝、旱蓮草各1兩，水煎服。

(3) 治心臟病：白鶴靈芝根或葉約1兩，加豬心燉水服。

(4) 治各種體癬、濕疹：鮮白鶴靈芝葉適量，加煤油或75%酒精，共搗爛，塗患處。

【成分分析】根含羽扇豆醇(Lupeol)、β-谷甾醇(β-sitosterol)、豆甾醇(Stigmasterol)及這兩種甾醇的葡萄糖甙，並含白鶴靈芝醌(Rhinacanthin) A、B等萘醌類化合物。花含芸香甙(Rutin)。

忍冬

Lonicera japonica Thunb.

【科　　別】忍冬科

【別　　名】金銀花、四時春、忍冬藤、毛忍冬。

【植株形態】多年生半常綠藤本，根細長，莖幼枝密生短柔毛，莖節著地會長根。葉對生，卵圓形或長卵形，葉全綠，兩面和邊緣均被短柔毛。花成對腋生，花冠筒狀細長，初開時白色，漸變金黃色。漿果球形，熟時黑色，少見種子。

【生態環境】本地區庭園栽培，分芽繁殖或扦插繁殖。

【使用部位】莖葉及花蕾。

【性味功能】性寒，味甘。能清熱解毒、通經活絡，可治咽喉腫痛、流行性感冒、風濕關節痛、熱咳喘、疔瘡腫毒、外傷感染等。

【經驗處方】(1) 治毒蕈中毒：鮮忍冬嫩葉嫩莖洗後，放入嘴中咬汁服。

(2) 治傳染性肝炎：鮮藤2兩，加水1000c.c.，煎成500c.c.，分早晚服。

(3) 治癰腫：花(蕾)4兩、甘草3兩，水煎服。

(4) 治蕁麻疹：鮮花(蕾)1兩，水煎服。

(5) 治四時外感發熱、口渴：藤乾品1兩，水煎，當茶喝。

(6) 治食物中毒：本草(或花)加烏蘞莓，水煎服。

銅錘玉帶草

Pratia nummularia (Lam.) A. Br. & Asch.

【科　　別】桔梗科

【別　　名】珍珠癀、老鼠拖秤錘、普剌特草。

【植株形態】多年生草本，莖細長匍匐，被柔毛。葉互生，心形，上面綠色，背面帶紫色，有疏毛，葉緣具齒，有葉柄。5～6月開紫紅色花，單生葉腋，具長梗，花萼5裂，裂片線形，花冠唇形，上方2裂，下方3裂。漿果橢圓形，成熟時紅色。

【生態環境】本地區山坡潮濕陰涼地區野生，分芽繁殖或播種。

【使用部位】全草。

【性味功能】性平，味甘、苦。能祛風濕、解毒、活血、清熱，治肺虛久咳、風濕關節痛、跌打損傷、乳癰、乳蛾、無名腫毒等。

【經驗處方】(1) 腫毒：全草1兩，水煎服。

(2) 痛風：全草3兩，水煎當茶喝。

(3) 胃痛：全草3兩，置入雞胸腔內燉服。

(4) 糖尿病：全草4錢、赤肉3片，水1碗煎服。

(5) 角膜炎或潰瘍：鮮果取汁點眼睛。

(6) 跌打損傷、骨折：鮮草適量，搗爛外敷患處。

(7) 月經不調、子宮脫垂、風濕疼痛：全草5錢，水煎服。

(8) 腎炎：全草3兩，水煎當茶喝。

(9) 肝病：全草5錢，加黑糖水煎服。

茵陳蒿

Artemisia capillaris Thunb.

【科　　別】菊科

【別　　名】青蒿、茵陳、蚊仔煙草、綿茵陳。

【植株形態】多年生草本，莖直立，基部木質化似亞灌木，植株高度約100～200公分，多分枝。本植物幼株葉(先期葉片)與成長後期葉片有顯著差別，先期葉呈掌狀裂，為較寬之葉裂，成株近開花期葉片漸蛻變而長出羽狀裂及小裂片線形的葉子，大致為2回羽狀，掌狀裂，開花的枝上葉子無柄，基生葉具柄抱莖，葉子長約2～6公分。頭狀花序多數，花期約在8～9月間，開出白色的兩性花，呈管狀或漏斗狀，5裂，總苞球形。果實瘦果，長橢圓形，種子細小。

【生態環境】茵陳蒿喜歡生長在低海拔地區，全臺灣的海岸或內陸河谷地區都可見到它的芳蹤。茵陳蒿對生育地質要求不苟，但最喜歡長在砂礫地，可見它不是很愛泡在泥澤中，因為透水性不佳，會使其根群腐爛。一般來說，茵陳蒿以種子繁殖最普遍。除本種外，尚有北茵陳(浜蒿)幾乎看不到它的絲狀葉，且葉片舖粉白呈粉青色近藍色狀，枝條較細且軟。

【使用部位】全株。

【性味功能】性涼，味苦、微辛。本品入肝、脾、膀胱及心四經，能清熱利濕、利膽祛黃、平肝降壓，治濕熱黃疸、小便不利、頭痛、肝陽上亢、熱結黃疸、通身發黃、傳染性黃疸型肝炎、驚風、肝硬病變、肝氣鬱結等症，並對循環及免疫系統有益。

【經驗處方】 (1) 肝硬變：綿茵陳(鮮3兩)、扛香藤(鮮2兩)、毛葉羅勤
(七層塔)3兩、臭茉莉(鮮4兩)，共煎成藥茶常服，功
效顯者。

(2) 急性黃疸型肝炎：茵陳4兩，栀子根、板藍根各3
兩，豨薟草2兩，加水2公斤，熬成1公斤，渣濾去，
放入蜂蜜3～4兩，可當茶喝。

(3) 養肝藥：地骨皮6錢、桶鉤藤(鮮2兩)、金銀花5錢、
綿茵陳1兩、臭茉莉(鮮1兩5錢)、鳳尾草(1兩)、栀子
根(鮮1兩)、鈕仔茄(鮮1兩)、貢杞8錢、棗肉6錢、甘
草5片，水三斤煎二斤。

(4) 綿茵陳於白露之日或前後三天，半斤量燉雞摻酒轉
骨用。

艾草

Artemisia indica Willd.

【科　　別】菊科

【別　　名】祈艾、艾蒿、艾、五月艾。

【植株形態】多年生草本，具地下根莖，匍蔔莖分枝多，集中莖上部，高約15～90公分。葉互生，橢圓形，有柄，上表面綠色，下表面有白柔毛，含濃烈香氣，葉緣羽狀分裂。穗狀花序，淡黃色或褐色，管狀花，腋生或頂生，春至秋季開花。果實瘦果，平滑，種子細小。

【生態環境】本地區栽培於庭園內，以扦插、分株或分芽繁殖。

【使用部位】全草(或葉)。

【性味功能】性微溫，味苦、辛。能止血調經、安胎止崩、散寒除濕、驅蟲，可治腹痛吐瀉、血崩、子宮出血、月經不調、胃寒、風濕性關節炎、跌打損傷等，另作溫灸使用的艾絨(需取老葉)，或製作青草糕粿。

【經驗處方】(1) 驅蟲(小動物身上長蟲)，使用本草乾品或鮮品2～3兩，水煎湯，涼後替小動物洗澡，蟲全部掉光。

(2) 溫灸：乾品揉成棉花狀，捲成灸條狀點火溫灸。

(3) 痛風：乾品或鮮品數兩，煎湯泡。

馬蘭

Aster indicus L.

【科　別】菊科

【別　名】開脾草、雞兒腸、山菊。

【植株形態】多年生草本，鬚根，匍匐莖，集中莖上部，高約20～
　　　　　　30公分。葉互生，倒披針狀，長約5～10公分，葉面光
　　　　　　滑，葉緣疏粗齒緣。頭狀花序，徑約2.5公分，總苞片
　　　　　　2～3輪，舌狀花藍紫色，中央管狀花黃色，春秋開花。
　　　　　　瘦果扁平，長約0.2公分，種子細小。

【生態環境】本地區平野山區可見，以分株或分芽繁殖。

【使用部位】全草(花觀賞用)。

【性味功能】性涼，味微辛。能涼血清熱、祛瘀利濕、消疳積、殺菌
　　　　　　解毒、健脾胃，可治肺結核、肝炎、胃潰瘍、咽喉腫
　　　　　　痛、帶狀疱疹、外耳道炎、痔瘡、蛇傷、內傷(特效)、
　　　　　　內出血(特效)等。

【經驗處方】(1) 小兒健脾胃：鮮品全草3兩，燉赤肉或雞服。

　　　　　　(2) 帶狀疱疹、蛇傷：乾品全
　　　　　　　　草，搗爛外敷。

　　　　　　(3) 內傷、內出血：鮮品全草
　　　　　　　　1～2兩，水煎服。

【注意事項】內傷、內出血者服本藥草後，
　　　　　　第二天小便有血色，這是內出
　　　　　　血排出體外的正常現象，不用
　　　　　　害怕。本藥不可長期服用。

艾納香

Blumea balsamifera (L.) DC.

【 科　　別 】菊科

【 別　　名 】大風草、香雞腿、大風艾。

【植株形態】多年生小灌木，高可達3公尺，全株被小絨毛，具特殊香氣。葉披針形，中幅較寬闊，葉緣為細鋸齒狀，長約10～20餘公分。頭狀花序，黃色，舌狀花於花序外圍，為雌性花，管狀花於花序中央，為兩性花。果實為瘦果，外表有10個隆起的積突，並具冠毛，便於種子傳播。

【生態環境】臺灣全島山野，不擇地形、土質皆可生長，而人工栽培者，因水分土壤皆優良，發展良好，雖然經常採摘其莖葉，仍然能生長旺盛，四季皆青綠，唯冬季生長較緩。

【使用部位】全草皆可用，不論鮮品或乾品皆可入藥。

【性味功能】性溫，味辛、苦、甘，具特殊香氣。能溫中、除濕、祛風、消腫、活血、殺蟲，可治寒濕瀉痢、感冒、風濕、跌打、瘡癤、濕疹、皮膚炎等。

【經驗處方】(1) 婦女生產後，可將艾納香1兩和茅草同煎，水洗浴，可祛風。

(2) 治皮膚乾癬：艾納香配蜂巢，共煎洗患處。

(3) 風濕、腹痛、腹脹、腹受涼、腹瀉：艾納香約5錢，水煎服。

(4) 感冒、神經痛：全草1兩，水煎服。

(5) 咳嗽：根與雞屎藤各7錢，尖尾風4錢，水煎服。

鱧腸

Eclipta prostrata L.

【科　　別】菊科

【別　　名】田烏草、旱蓮草、細號扡力草、墨菜、破布烏、黑墨草。

【植株形態】一年生草本，根細小，莖直立，有分枝，紅褐色，被毛，全株揉碎後，汁變成黑色。葉對生，披針形，無葉柄，細鋸齒緣或全緣。頭狀花序生於葉腋或頂生，白色舌狀花冠，有長短不一的梗，總苞鐘形，總苞片5～6枚，排列成兩列。瘦果具3～4稜，黑色，無冠毛。

【生態環境】本地區濕地、水溝旁或庭園均可見野生，以扡插或種子繁殖。

【使用部位】全草或種子。

【性味功能】性寒，味甘、酸。能涼血、補腎、止血、排膿、通小腸、烏鬚髮、固牙齒，可治輕度中風、腎水腫、髮禿、十二指腸潰瘍、香港腳、皮膚癢、肝病、骨膜炎、骨質疏鬆症等。

【經驗處方】(1) 輕度中風：本草4錢加紅棗8粒，水煎服，特效。

(2) 腎水腫：鮮嫩葉切碎，加雞蛋調煎苦茶油服。

(3) 生髮：種子研末，加麻油調塗患部。

(4) 十二指腸潰瘍：本草加燈心草各1兩，水煎服。

(5) 香港腳皮膚癢：鮮草1把，搗爛擦患處。

(6) 肝病：全草1把加冰糖，水煎服。

(7) 骨膜炎：鮮草1把加麵粉、酒，搗爛外敷。

(8) 骨質疏鬆症：鮮葉加雞蛋，調煎苦茶油吃。

(9) 染髮：本草5兩，加水煎後待涼可染黑頭髮。

山澤蘭

Eupatorium cannabinum L. subsp. ***asiaticum*** Kitam.

【科　別】菊科
【別　名】六月雪、(大本)白花仔草、斑竹相思、臺灣澤蘭。
【植株形態】多年生草本，主根長，枝根多，莖直立，多分枝，全草密被柔毛。葉對生，三深裂或全裂，裂片披針形，銳鋸齒緣，背面被白粉。頭狀花序白色，排列成房狀花序，總苞長橢圓狀，鐘形。瘦果具白色冠毛，種子很細小。
【生態環境】本地區山坡地野生可見，以種子繁殖。
【使用部位】全草。
【性味功能】性寒，味苦。能解熱、調經、抗癌、消炎、消積滯、利腸胃、止痢，可治感冒發熱、感冒頭痛、下痢、中暑、腫毒、吐血、跌打損傷、產前水腫、神經痛、肺病發熱、經閉、腹痛、風濕疼痛、高血壓、糖尿病、肝炎、盲腸炎、白血球過多症、血癌、疔瘡等。
【經驗處方】(1) 製作青草菜原料，能解熱、消暑。
　　　　　　(2) 治中暑：本品頭加金不換頭、刺波頭各5錢，水煎服。
　　　　　　(3) 清涼解毒：本品全草加龍葵頭各1兩，燉赤肉服。
　　　　　　(4) 治血癌：本品1兩加白花蛇舌草2兩、半枝蓮1兩，水煎服。
　　　　　　(5) 治尿酸過多：本品頭1兩，燉腰內肉服。
　　　　　　(6) 治腸打結：鮮心葉搗汁，加鹽服。
　　　　　　(7) 治小兒轉骨：本品2兩，以麻油炒過，半酒水燉雞服。
　　　　　　(8) 治急性盲腸炎：頭1兩、咸豐草頭2兩，水煎服。

兔兒菜

Ixeris chinensis (Thunb.) Nakai

【科　別】菊科

【別　名】小金英、苦蕒仔、鵝仔菜。

【植株形態】一年生草本，莖直立，多分枝，根粗大，折傷會流出白色乳汁。葉披針形，全緣或淺鋸齒緣，葉下端抱莖或花梗。頭狀花序排列成圓錐狀，黃色，小花皆為舌狀花，花冠先端5裂。瘦果先端具喙狀物，成熟時長白色冠毛，可隨風飄散傳播。

【生態環境】臺灣全島原野空曠處均能生長，耐旱性強，沙石、貧脊土地亦能生長，日照長無妨，不喜陰暗及太潮濕的環境，繁殖以播種為主。

【使用部位】全草。

【性味功能】性涼，味苦。能清熱、解毒、涼血、止痛、消炎，可治癰腫、無名腫毒、陰囊濕疹、風熱咳嗽、泄瀉、痢疾、吐血、衄血、跌打損傷、骨折、肺炎、肺癰、尿道結石、毒蛇咬傷等。

【經驗處方】(1) 治蜂蟻螫傷：將兔兒菜葉揉搓，貼傷處速效。

(2) 治感冒喉痛：兔兒菜1兩加水蜈蚣，水煎服。

(3) 治痔瘡：全草約3兩加紅糖，水煎服。

(4) Ｂ型肝炎：全草乾品磨粉，每次1公克。

(5) 膝關節骨刺：全草3兩、榼梧2兩、王不留行1兩半、校殼刺1兩，半酒水燉豬腳(去皮)服。

(6) 子宮肌腺瘤：全草與魚針草各1兩，黑面馬(頭)5錢、青殼鴨蛋2個，以6碗水煎至3碗，一帖為1天量，1天分3次服用，每餐飯後服用1碗。

蔓澤蘭

Mikania cordata (Burm. f.) B. L. Rob.

【 科　　別 】菊科

【 別　　名 】山瑞香、肺炎草、假澤蘭、蔓菊、萬延藤、米甘草、心形薇甘菊。

【植株形態】多年生纏繞性草本，根細長，莖綠色或紫紅色，有的有柔毛，有的無柔毛，多分枝，著地即長根。葉對生，卵形、三角狀卵形或箭形，葉緣疏鋸齒或微波緣。頭狀花序腋生或頂生，多數頭狀花序排列成複繖房狀，花冠白色，管狀，兩性花。瘦果狹圓錐形，種子有絨毛。

【生態環境】本地區平野山坡地到處可見，性喜潮溼地，以扦插或播種繁殖。依產地可分2種：(1)本土種：味較苦，有香氣，效果佳。(2)外來種：又稱小花蔓澤蘭，味較淡，無香氣，藥效較差。

【使用部位】全草或莖葉。

【性味功能】性寒，味微辛、略苦。能清熱解毒、消腫消炎、止痛、殺菌抗癌，可治肺炎(包括SARS)、肺病、肺癌、不明熱、高燒、火氣大、中暑等。

【經驗處方】(1) 肺炎(包括SARS)、不明熱、發高燒：鮮品全草一把洗淨後，絞汁加蜂蜜服。另方：乾品或鮮品一把(約2兩)洗淨後，水煎湯加蜂蜜服或當茶喝，特效。

(2) 肺病、肺癌：乾品或鮮品一把洗淨後，水煎湯加蜂蜜服。另方：乾品或鮮品一把洗淨後，加紅棗10粒、枸杞子少許煎湯服或當茶喝。

(3) 消暑退火：鮮品或乾品一束加黑糖或冰糖，水煎湯當茶喝。

【注意事項】孕婦不可服，氣喘病少服。本藥草本土產，任何疾病發高燒都可退燒。

豨薟

Sigesbeckia orientalis L.

【科　　別】菊科

【別　　名】苦草、豬屎草、狗咬癀。

【植株形態】一年生草本，莖直立，多分枝，密生短毛。葉對生，具柄，卵狀長橢圓形或三角狀卵形，葉緣不整齊鈍齒牙緣，葉背有腺點，兩面密生短毛。頭狀花序具長梗，黃白花瓣。瘦果倒卵形。

【生態環境】本地區山坡地、平野到處可見，以種子繁殖。

【使用部位】全草。

【性味功能】性寒，味苦。入肝、腎二經，能祛風除濕、利筋骨、降血壓，可治四肢麻痺、筋骨疼痛、急性肝炎、高血壓等。

【經驗處方】(1) 治中風半身不遂、植物人、腦出血：鮮品2兩，搗汁加蜂蜜服，比例8：2。

(2) 治頸部疼痛、牙痛、喉痛，解熱、消炎：全草2兩，水煎服。

(3) 治疔瘡腫毒：鮮草適量，加黑糖搗爛外敷。

(4) 治燙傷、火傷：根搗爛，調花生油或麻油外敷。

(5) 治狂犬咬傷：根適量水煎服。另方：鮮草適量，加黑糖、冷飯粒共搗爛外敷。

(6) 治風濕腰酸痛：根3兩半，酒水燉豬腳服。

(7) 治高血壓：本品3兩、夏枯草3兩、龍膽草5錢，加蜜煉成丸，早晚各服3錢。

(8) 治蟲、狗、蜘蛛咬傷：鮮草適量，搗爛外敷。

【注意事項】陰血不足者忌服。

甜菊

Stevia rebaudiana (Bertoni) Hemsl.

【科　　別】菊科

【別　　名】甜葉菊、糖菊、瑞寶澤蘭。

【植株形態】多年生草本，根細，全株被柔毛。單葉對生或互生，近無柄，葉片橢圓形或披針形，疏鋸齒緣或全緣。頭狀花序多數，排列成繖房花序或圓錐花序，花白色，均為兩性花，花冠管狀。瘦果線形，稍扁平。

【生態環境】本地區庭園栽培，可扦插或播種繁殖。

【使用部位】莖葉。

【性味功能】性涼，味甘。能強壯、和胃、避孕、生津、止咳、降血壓，可治消渴症、高血壓等。

【經驗處方】(1) 治胃酸過多：葉數片沖開水服。

　　　　　　(2) 減肥：本品1錢加金錢薄荷5錢，水煎服。另方：本品1錢沖開水服。

　　　　　　(3) 治糖尿病：鮮葉5～10片，沖開水服。

　　　　　　(4) 治痛風：本品1錢加紫莖牛膝3兩，水煎服。

　　　　　　(5) 治高血壓：本品1～2錢，水煎服。

　　　　　　(6) 製青草茶代糖用。

【成分分析】本品含甜菊苷、甜菊雙糖苷等。

(圖中尺規最小刻度為0.1公分)

蘆薈

Aloe vera L.

【科　別】百合科

【別　名】奴會、羅幃、象膽。

【植株形態】多年生草本，全株肉質，根短小，莖亦短。葉叢生，肥厚多肉汁，披針形，正面呈半溝狀凹陷，長15～45公分，寬3～8公分，葉緣疏生刺狀小齒。總狀花序頂生，呈穗狀，短梗彎垂，花被管狀，6裂，紅黃色，秋冬開花。蒴果三角形，成熟時胞背裂開，種子細小。

【生態環境】本地區可見庭園栽培，以分株或種子繁殖為主，栽培時水份不可過多，耐旱怕水。

【使用部位】葉及根。

【性味功能】性寒，味苦。能清熱、消炎、殺蟲、通便、瀉火解毒、美髮，可治燙傷、百日咳、富貴手、高血壓、肺病、毒瘡、咳嗽痰血等。

【經驗處方】(1) 富貴手：葉去皮塗患處。

(2) 百日咳：鮮葉去皮加冰糖，水煎服。

(3) 燙傷：鮮葉去皮壓汁塗患處。

(4) 高血壓：鮮葉去皮沾蜂蜜吃。

(5) 肺病：鮮葉汁燉蛤蜊1斤服。

(6) 毒瘡：鮮葉加鹽搗爛，外敷患處。

(7) 美髮：汁擦頭髮。

(8) 肝炎：鮮葉去外皮，磨泥加蜂蜜吃。

天門冬

Asparagus cochinchinensis (Lour.) Merr.

【科　　別】百合科

【別　　名】天冬、武竹。

【植株形態】多年生攀緣性草本，塊根肉質，肥厚多汁，莖細長，有縱槽紋。葉狀枝2～3枚，束生葉腋，線形扁平，葉退化成鱗片，主莖的鱗葉常變為下彎的短刺。花簇生葉腋，白色。漿果球形，成熟時變紅色。

【生態環境】本地區庭園栽培或野外經常可見，播種繁殖或分芽栽培。

【使用部位】塊根(藥材稱天門冬)。

【性味功能】性寒，味甘、苦。能養陰生津、潤肺清心、滋陰潤燥、清肺降火、鎮咳、解熱、利尿、強壯，可治陰虛發熱、咳嗽吐血、肺癰、喉嚨腫痛等。

【經驗處方】(1) 治熱咳：本品1兩、桑白皮1兩，水煎服。

　　　　　　(2) 鼻衄：本品2兩，燉冰糖服。

　　　　　　(3) 治乳房腫瘤：鮮品2兩，去外皮燉，一天服3次。

　　　　　　(4) 扁桃腺炎：本品加麥冬、板藍根、桔梗、山豆根各3錢，甘草2錢，水煎服。

　　　　　　(5) 治疝氣：鮮品1兩去皮，水煎服加些酒。

【注意事項】虛寒者忌服。

朱蕉

Cordyline fruticosa (L.) A. Cheval.

【科　　別】百合科
【別　　名】紅竹、鐵樹。
【植株形態】多年生灌木，有軸根，莖直立，少分枝。葉片如竹葉，
　　　　　　互生，聚生於莖頂，披針狀橢圓形，全緣，先端漸尖，
　　　　　　基部漸狹尖，葉柄具鞘抱莖。圓錐花序生莖頂葉腋，花
　　　　　　淡紅色至青紫色。果實為漿果。
【生態環境】本地區平野栽培，以扦插繁殖。
【使用部位】根、莖、葉。
【性味功能】性涼，味甘、淡。能散瘀、清熱、止血、止咳，可治便
　　　　　　血、尿血、痢疾、月經過多、跌打腫痛、久咳不癒等。
【經驗處方】(1) 治肺結核、月經過多、痢疾、風濕、痔瘡出血、尿
　　　　　　　　 血、腸炎、跌打腫痛：乾的花4錢，水煎服。
　　　　　　(2) 勞傷吐血、咳嗽：鮮葉5錢，以二次洗米水燉瘦肉
　　　　　　　　 服。
　　　　　　(3) 紫斑病(皮下出血、烏青)：鮮葉7片，燉瘦肉服。
　　　　　　(4) 胃出血：鮮葉2兩，燉赤肉服。
　　　　　　(5) 咳嗽：鮮葉4片、紅三七葉7片，加冰糖水煎服。另
　　　　　　　　 方：鮮葉4片、紅田烏5錢、魚腥草5錢、黃花蜜茶1
　　　　　　　　 兩，水煎服。
　　　　　　(6) 中風：根及莖2兩，燉河鰻服。
　　　　　　(7) 流鼻血：鮮根3兩，燉瘦肉服。
　　　　　　(8) 脫肛：鮮葉1兩加二次洗米水，燉青殼鴨蛋2個服。

萱草

Hemerocallis fulva (L.) L.

【科　別】百合科

【別　名】忘憂草、金針、療愁。

【植株形態】多年生草本，有肥大紡錘形塊根。葉基生，長條形，平行脈，排成兩列，全緣。花橘紅色，下部合生成筒狀(喇叭形)，外輪裂片3枚，內輪裂片3枚。雄蕊伸出，雌蕊花柱比雄蕊長。

【生態環境】本地區太麻里金針山栽培，以分芽繁殖，臺東區農業改良場品種很多，有食用及觀賞用之分，食用品種(本土種)要種在較高山上，方可開花；觀賞用品種(改良種)任何平野都可開花。

【使用部位】塊根或花蕾。

【性味功能】性涼，味甘。能清熱利尿、涼血止血，可治水腫、小便不利、淋濁、帶下、黃疸、衄血、便血、崩漏、乳癰等。

【經驗處方】(1) 水腫、尿濁：根1～2兩，燉瘦肉服。

(2) 腎火：根5錢、麥冬5錢、天冬5錢、小化石草3錢、鳳尾草3錢、蘆薈3錢，水煎服。

(3) 急慢性肝炎、黃疸：根加龍葵、黃水茄、牛筋草各數兩，加黑糖煎湯當茶喝。

(4) 中耳炎、青春痘：根5兩，燉瘦肉服。

(5) 內痔出血：根或花2兩加黑糖，水煎服。

(6) 腮腺炎：根4兩，燉冰糖服。

(7) 乳腺炎、淋巴腺炎：鮮根搗爛外敷。

(8) 喉痛、聲啞：根1兩，燉雞蛋服。

(9) 花可治貧血症。

(10) 葉可製萱紙。

麥門冬

Liriope spicata (Thunb.) Lour.

【科　　別】百合科

【別　　名】蒲草、麥冬、寸冬、階前草根、家邊草根、覓藜冬、韭葉麥冬、大葉麥冬。

【植株形態】多年生常綠草本，根狀莖粗短，生有許多長而細的鬚根，其中部膨大成連珠狀或紡錘形的肉質小塊根。葉叢生，呈線形，全緣，長約40公分，寬約0.5公分，葉面光滑。總狀花序，長約10～15公分，輪生，花淡紫色，花被6片，苞片披針形，花期大致在6～7月間。果實為漿果，球形，熟時呈藍碧色。

【生態環境】臺灣全島平野及低海拔山區(包括蘭嶼、綠島均長)，大致以分株繁殖較為理想，當然也可以種子繁殖之。喜歡較溫暖地區，以砂質肥厚有機壤土最好，或帶有低鹽性之粉砂土，略有潮濕疏鬆良土，才能育生好的品質。

【使用部位】塊根。

【性味功能】性微寒，味甘、微苦。《神農本草經》將其列入上品藥材，入心、肺、胃三經，能清心潤肺、養胃生津、化痰止咳，可治肺燥乾咳、吐血、咯血、消渴、咽乾口燥、便秘等。

【經驗處方】(1) 中暑又感冒、熱病傷津、便秘、口乾燥渴、眼中紅絲：麥冬、桑葉、石膏、地骨、沙參、玉竹、花粉、五味子、玄參、蘇黨、香薷等藥，若積久則加金銀花。(可依症狀論君臣佐使)

(2) 一般感冒咳嗽：爵床、麥冬、香附、走馬胎、枇杷葉、桑皮、蕺菜、惡實等乾品各3錢。

(3) 充血性心臟衰竭：石柱6錢、五味子3錢、麥冬5錢，
　　 對心悸、胸悶、自汗、手心流汗、各神經性心臟衰
　　 弱等，有強化功能。

【注意事項】大便泄瀉者勿用。易吸濕，乾品宜置陰涼乾燥之處。須
　　　　　炮製，將原藥材用清水浸至軟潤之後，抽出木質部(根莖
　　　　　中蕊部)，抽完才可生用或半炒用。

蔥蘭

Zephyranthes candida Herb.

【科　　別】石蒜科

【別　　名】玉簾、白玉簾、白菖蒲、蔥葉水仙、肝風草。

【植株形態】多年生草本，鱗莖，具鬚根，直徑約2公分，外表灰
　　　　　　黃色，內部白色。單葉叢生，長約25公分，寬約0.3公
　　　　　　分，線形，全緣，深綠色，表面光滑，具槽。花冠白
　　　　　　色，花瓣6枚，外有時略帶淡紅色，花期4～8月。果實
　　　　　　為蒴果，球形，3室，種子黑色，扁平。

【生態環境】本地區可見庭園栽培，以鱗莖或種子繁殖。

【使用部位】全草或鱗莖。

【性味功能】性平，味甘。能平肝、熄風，可治吐血、血崩、小兒急
　　　　　　驚風、跌打損傷、毒蛇咬傷、癲癇、皮膚炎、毒瘡、乳
　　　　　　癰等。

【經驗處方】(1) 毒蛇咬傷：鱗莖數粒搗碎外敷。

　　　　　　(2) 毒瘡：鱗莖數粒搗爛外敷患處。

　　　　　　(3) 乳癰：鱗莖數粒搗汁外擦。

　　　　　　(4) 小兒驚風：鱗莖搗汁加蜜服。

　　　　　　(5) 跌打損傷：鱗莖搗爛外敷。

　　　　　　(6) 小兒癲癇：新鮮全草3錢，水煎調冰糖服。

【注意事項】本草有毒，小心使用。

【成分分析】全草含石蒜鹼(Lycorine)、多花水仙鹼(Tazettin)、網球
　　　　　　花定鹼(Haemanthidine)、尼潤鹼(Nerinine)等生物鹼。
　　　　　　花含芸香甙。

紅苞鴨跖草

Zebrina pendula Schnizl.

【科　　別】鴨跖草科

【別　　名】假金線蓮、紅竹仔葉、吊竹梅。

【植株形態】多年生草本，根細小，莖柔弱，半肉質。葉無柄，橢圓狀卵形至矩圓形，先端短尖，上面紫綠色而雜以銀白色，中部邊緣有紫色條紋，背面紫紅色，鞘的頂部和基部被疏毛。花團聚於一大一小的頂生葉狀苞片內，花冠管白色，纖弱，裂片3枚，玫瑰色。果實為蒴果。

【生態環境】本地區平野山坡地有野生，也有庭園栽培，分芽繁殖，也可扦插繁殖。

【使用部位】全草。

【性味功能】性寒，味甘，有小毒。能清熱、解毒、涼血、利尿，可治咳嗽吐血、咽喉腫痛、目赤紅腫、痢疾、水腫、淋症、帶下、癰毒等。

【經驗處方】(1) 咳嗽吐血：鮮草2兩，水煎服。

　　　　　　(2) 淋病：鮮品3兩，水煎服。

　　　　　　(3) 腫毒：鮮品1兩，搗爛外敷。

　　　　　　(4) 骨刺：鮮品半斤，燉赤肉服。

　　　　　　(5) 無名腫毒：鮮葉加水丁香心、山芹菜、白鳳菜各5錢，搗爛外敷。

【注意事項】孕婦忌服。

【成分分析】全草含草酸鈣、樹膠。

香茅

Cymbopogon citratus (DC.) Stapf

【科　　別】禾本科

【別　　名】長葉香茅、短葉香茅、檸檬香茅、扭鞘香茅(不同種)。

【植株形態】香茅為多年生草本植物，簇生成叢，具特有之濃烈香氣，稈莖有節，從節處生根(可分株繁殖)。葉片寬條形，抱莖而生。圓錐花序疏散，梗多節成對而呈總狀花序，外有佛焰苞狀總苞，花3數。果實為穎果。臺灣目前種類多種，一般以檸檬香茅為良用性香茅，扭鞘香茅是海濱植物(亦名臭香茅)，萃取精油，以短葉香茅最好，含精油量多品質優，以夏季葉片轉泛紅色，為精油飽和期(即可採收)。

【生態環境】本植物屬陽性，蔭蔽下生長不良，以低海拔溫度高的區域較適合成長。不喜歡太潮濕之地，以萃取精油為用途者，則應種植於坡地。

【使用部位】葉、根、莖。

【性味功能】性溫，味苦、辛(微甘)，非食用性則有小毒。能疏風解表、祛瘀通絡、補虛、寧心、祛風濕、消腫止痛，精油能驅除蚊蟲，全草曬乾，置床下可防毒蛇侵入。

【經驗處方】(1) 頭風頭痛：落新婦、香茅各1兩鮮品，川芎6錢，毛冬青1兩半，共煎服。(藥茶)

(2) 全身疼痛：香茅乾品約半斤(鮮品加倍)、大風草20葉、益母草半斤，用鍋熬色，色取起濾淨。放入洗澡盆內(水溫要高些，太冷平溫效果不好)，並加入半酒(40%濃度)3瓶，浸泡5～10分鐘，起來喝溫茶，再泡，連泡三次，效果顯著(人體虛者，以適度即可，

不可勉強恐虛脫)。

(3) 洗淨：香茅7心(小槐花、茉草7心)、小香附一小擲，水煮沸加冷水適溫淨全身(對沖犯下肢冰冷，盜汗(流襯汗)有顯效)。

【注意事項】精油不可食或滴入嘴內，因精油會腐蝕牙齒，漸崩落(經驗之談務必注意)。

牛筋草

Eleusine indica (L.) Gaertner

【 科　　別 】禾本科

【 別　　名 】牛頓棕、牛頓草、蟋蟀草。

【植株形態】一年生草本，鬚根多數，稈莖叢生，基部彎曲。葉帶狀扁平，無毛，長10～15公分，寬約0.4公分，全緣，葉鞘壓扁具脊。穗狀花序呈指狀，2～5個分叉排列於莖頂，小穗有花3～6枚。穎果卵形，橫斷面三角形，種子細小。

【生態環境】本地區田野或空地到處可見，以種子繁殖。

【使用部位】全草。

【性味功能】性平，味甘、淡。能清熱解毒、祛風利濕、益氣活血、散瘀止血，可治高熱神昏、抽筋、小兒急驚、濕熱黃疸、痢疾、腦炎、風濕關節痛、小兒消化不良、小便淋痛、跌打損傷、外傷出血等。

【經驗處方】(1) 治攝護腺腫大：全草一束洗淨，燉瘦肉服。

(2) 治高血壓、頭風、淋濁：全草1～2兩，水煎服。

(3) 治下痢：全草1～2兩加黑糖，水煎服。

(4) 治中風：全草5兩，水煎後薰洗。

(5) 治甲狀腺腫：根4兩水煎後，燉青殼鴨蛋1～2粒後，喝湯不吃蛋。

(6) 壯陽：頭2兩水煎後，燉豬尾椎骨服。

(7) 治小兒流鼻血：根2兩，半酒水燉鱔魚服。

【注意事項】牛筋草未開花之前有小毒，不可使用，要用開花後之全草或頭根。

白茅

Imperata cylindrica (L.) P. Beauv. var. *major* (Nees) C. E. Hubb. *ex* Hubb. & Vaughan

【科　　別】禾本科
【別　　名】毛節白茅、茅白草、白茅根。
【植株形態】多年生草本，地下根莖發達，匍匐橫走，白色，密被鱗片，莖有節，節上生鬚根。葉條狀披針形，葉緣薄利似刀，葉長約1公尺。圓錐花序緊縮呈穗狀，小穗成對，密被白色絲狀柔毛。雄蕊2枚，花藥黃色，柱頭羽毛狀。穎果橢圓形，暗褐色。
【生態環境】本地區荒野或路旁可見，以分芽繁殖。
【使用部位】地下莖或花。
【性味功能】性寒，味甘。能利尿解毒、清熱、補中益氣，可治麻疹、尿毒、淋病、高血壓、急性腎炎、流鼻血、急性肝炎等，亦可解曼陀羅中毒。
【經驗處方】(1) 麻疹：地下莖鮮品1～2兩，水煎服。另方：地下莖1～2兩加甘蔗頭，水煎服。
(2) 尿毒：地下莖鮮品1～2兩，水煎服。
(3) 淋病：地下莖鮮品1兩、金絲草1兩，水煎服。
(4) 高血壓：地下莖鮮品或乾品加桑葉、甘蔗各1兩，水煎服。
(5) 急性腎炎：地下莖鮮品2～4兩，水煎服。
(6) 流鼻血：花1把、水3碗、酒3碗，煎冰糖服。
(7) 解曼陀羅中毒：地下莖鮮品1兩、甘蔗1斤絞汁，椰子水1粒煎服。
(8) 急性肝炎：地下莖鮮品2兩，水煎服。

(圖中尺規最小刻度為0.1公分)

淡竹葉

Lophatherum gracile Brongn.

【科　　別】禾本科

【別　　名】竹葉麥冬、碎骨子。

【植株形態】多年生草本，鬚根黃白色，有的會膨大成塊根，肉質形似麥冬，莖短。細葉似竹葉，披針形，基部圓渾，有明顯的小橫紋。秋季抽穗結穎果，紡錘形。

【生態環境】本地區可見庭園栽培，山坡地亦可見，以分芽繁殖。

【使用部位】全草或塊根。

【性味功能】性寒，味甘、淡。入心、腎二經，能清心火、除煩熱、利小便，治熱病煩渴、小便赤澀、淋痛、口舌生瘡等。

【經驗處方】(1) 治尿毒症：本品1兩、胡蘆皮5兩，水煎服。

(2) 治心臟缺氧：本品1兩、萬點金5兩，加冰糖水煎服。

(3) 治中暑：本品加玉米鬚、金絲草、鳳尾草、車前草、咸豐草各1兩，水煎服。

(4) 治心煩、口渴、燥熱：根4錢，水煎服。

(5) 治尿血：本品加白茅根各3錢，水煎服。

(6) 治熱淋：本品4錢、燈心草3錢、海金沙2錢，水煎服。

【注意事項】本植物的塊根能墮胎、催

產，孕婦忌服。

【成分分析】全草含三萜化合物、蘆竹素、酚性成分、氨基酸等。

芒草

Miscanthus floridulus (Labill) Warb. ***ex*** Schum. & Laut.

【科　　別】禾本科

【別　　名】寒芒、菅芒、菅草、菅蓁、五節芒。

【植株形態】多年生草本，鬚根，莖高1～3公尺，中空，地下莖發達，具葉鞘，但葉鞘常生有蟲癭。葉片長披針形或線形，葉緣有銳利小鋸齒。圓錐花序頂生，小穗成對，花黃白色。穎果褐色，花果期5～12月，種子隨風飄。

【生態環境】本地區河邊或荒野可見，以種子繁殖。

【使用部位】根、莖、花、蟲癭。

【性味功能】性涼，味甘。能利尿、解毒、清熱、除瘀、發表、順氣，可治月經不調、小兒痘疹不出、小兒疝氣等。

【經驗處方】(1) 流鼻血：花1兩，水煎服特效，一次就止血。

(2) 破傷風、白喉：鮮花、梗嫩的部位搗汁，2～3匙服，服後會吐，再服即癒。

(3) 白帶、淋濁：根2兩加冰糖，水煎服。

(4) 小兒麻疹不透：蟲癭3個，水煎服。

(5) 肝硬化、腹水：葉5兩加黑糖，水煎服。

(6) 尿道、膀胱或膽結石：莖切段搗碎，水煎服。

(7) 月經不調：蟲癭1兩，泡酒半瓶，一週後每次服5錢。

【注意事項】根孕婦忌服。

狼尾二號草

Pennisetum alopecuroides (L.) Spreng.

【科　　別】禾本科
【別　　名】狼尾草、牧草、養生草、養命草、狼茅、小甜茅草。
【植株形態】多年生草本，鬚根，莖直立，高1～2公尺，莖節膨大，被葉鞘包裹著，近尾端處節生分芽。葉互生，葉片線形，平行脈，葉身帶少許毛茸，葉鞘基部絨毛較長，葉序以下密生柔毛。穗狀圓錐花序，主軸硬，長約15公分，雌雄同株，兩性花，黃褐色。穎果扁平長圓形，花果期於秋冬季。
【生態環境】本地區可見庭園栽培，以扦插繁殖。
【使用部位】莖、葉、花、根。
【性味功能】性平，味甘。能抗癌、解毒、消腫、化痰止咳、平肝、行血、明目，可治目赤腫痛、肺熱咳嗽、咯血、瘡毒等。
【經驗處方】(1) 各種癌症：鮮莖2～3兩，絞汁或水煎服。
　　　　　　(2) 肝炎：莖4～5兩，絞汁服。
　　　　　　(3) 糖尿病：莖5兩，絞汁或水煎服。
　　　　　　(4) 咳嗽：芽節3～4兩加白茅根2根，水煎服。
　　　　　　(5) 高血壓：全草5兩，水煎當茶喝。
　　　　　　(6) 中暑：花5錢，水煎服。

金絲草

Pogonatherum crinitum (Thunb.) Kunth

【科　　別】禾本科

【別　　名】筆仔草、文筆草、紅毛草。

【植株形態】多年生草本，鬚根，莖叢生。葉互生，葉片線狀披針形，平行脈，長3～4公分，寬約0.25公分，具葉舌。穗狀花序單生於主稈和分枝的頂端，小穗成對，有柄小穗較小，無柄小穗長約2毫米。外穎邊緣扁平無脊，頂端截形，並有纖毛，內穎具細長而彎曲的細芒。

【生態環境】本地區潮濕，山壁水邊有野生，以種子繁殖。

【使用部位】全草。

【性味功能】性寒，味甘、淡。能清熱解毒、利水通淋、涼血、抗癌，可治黃疸型肝炎、熱病煩渴、淋濁、小便不利、尿血、糖尿病等。

【經驗處方】(1) 治發燒：本品2兩(乾鮮均可)，水煎服。

(2) 治糖尿病：本品2兩加白果12枚，水煎服。

(3) 治小兒煩熱不解：本品1兩，水煎服。

(4) 治白帶：本品1兩加白果14枚，水煎服。

(5) 治白濁、夢遺、泄精：本品1～2兩加海金沙7錢，水煎服。

(6) 治口渴、泄瀉、熱淋、血淋：全草2～4兩，水煎服。

(7) 治尿道炎：本品加車前草、白茅根各5錢，萹蓄8錢，水煎服。

(8) 治急性腎炎、膀胱炎：鮮品1～4兩，水煎當茶喝。

檳榔

Areca catechu L.

【科　別】棕櫚科

【別　名】菁仔、棗檳榔、大腹皮。

【植株形態】多年生喬木，根細長，莖高10～18公尺，不分枝。葉在頂端叢生，羽狀複葉，葉軸三稜形，小葉披針狀線形，葉落形成明顯的環紋。肉穗花序，生於最下一葉的鞘束下，花單性，雌雄同株，雄花小而多，雌花大而少。堅果卵形或長橢圓形，成熟時橙黃色。

【生態環境】本地區山坡地及平原，庭園亦見栽培，以種子繁殖。

【使用部位】種子(藥材稱檳榔)、果皮(藥材稱大腹皮)、肉花穗。

【性味功能】性溫，味辛。(1)種子能殺蟲消積、降氣行氣、截瘧，治蛔蟲寄生、食積、脘腹脹痛、痢疾、瘧疾、水腫、腳氣等。(2)果皮能行水、下氣、寬中，治脘腹脹滿、泄瀉、水腫、小便淋痛不利、惡阻脹悶等。(3)花能健胃、止渴。

【經驗處方】(1) 氣喘：成熟果5～6粒，燉豬心服。

(2) 感冒：果10粒加冰糖2兩，水煎服。

(3) 糖尿病：果7粒，燉豬小腸服。

(4) 腦震盪：莖葉榨汁，加蛋服。

(5) 肝硬化：葉加麵包樹根、雷公根，水煎服。

【注意事項】本植物的嫩心可作食材，俗稱空中筍或半天筍，相當美味，但不可多食，以免檳榔鹼過量中毒。

【成分分析】種子含有檳榔鹼(Arecoline)、檳榔次鹼(Arecaidine)，兩者皆為副交感神經興奮劑，但檳榔鹼作用遠大於檳榔次鹼，它們可促進流汗、口水分泌及其他腺體分泌，同時

也可導致呼吸急促、支氣管收縮、氣喘加重、低血壓及增進腸胃蠕動。

(圖中尺規最小刻度為0.1公分)

黃藤

Calamus quiquesetinervius Burret

【科　別】棕櫚科

【別　名】藤(根)、省藤。

【植株形態】藤本植物，具軸根，莖初生時直立，成長後攀緣狀，有節。葉羽狀全裂，長2～3公尺，葉軸頂端延伸成刺鞭，小葉條狀披針形，細鋸齒緣，平行脈。單性花，雌雄異株，肉穗花序短而稠密。果橢圓形，密被黃色而光亮的鱗片，種子球形。

【生態環境】本地區深山或山坡有野生或栽培於庭園，以分芽繁殖，亦可扦插繁殖。

【使用部位】根及莖。

【性味功能】性寒，味淡、苦。能破瘀行血、涼血、祛風除痺、瀉火熱，可治蛔蟲寄生、蟯蟲寄生、熱淋澀痛、牙齒痛等。

【經驗處方】(1) 瀉火熱：嫩心煮湯吃。

(2) 中風半身不遂：根加土茯苓、生地各1兩，水煎服。

(3) 腦血管阻塞：根加魚針草各2兩，水煎服。

(4) 高血壓：根加苦瓜頭各2兩，水煎服。

(5) 偏癱：根加牛筋草、蘆竹根、一條根各1兩，水煎服。

(6) 增乳：根加通草根、車前草、筆仔草、棕根各7錢，水煎服。

(7) 肝炎初期：根加通草根各1兩，紅甘蔗4兩，水煎服。

姑婆芋

Alocasia odora (Lodd.) Spach.

【科　別】天南星科

【別　名】細葉姑婆芋、山芋、海芋、觀音蓮、天荷葉。

【植株形態】多年生草本之有毒植物，根莖粗大，高有時超過1公尺。葉廣卵形，長70～100公分，寬約20～48公分，先端鈍形，基部心狀箭形，全緣或波狀緣。佛焰花序。漿果紅色，球形。

【生態環境】臺灣全島海拔2000公尺以下，山區林下、河邊、陰濕荒廢地均容易生長。

【使用部位】根莖及莖、葉。

【性味功能】性寒，味辛，有毒性。能清熱解毒、消腫散結、去腐生肌，可治熱病高熱、流感、肺癆、傷寒、風濕關節痛、鼻塞流涕等；外用治疗瘡腫毒、蟲蛇咬傷。

【經驗處方】(1) 蛇蟻及蜂螫：取莖葉塗之，可緩解痛苦。再用蒲公英敷之，以消腫痛。

(2) 取根莖及莖剁後熬煮成膏，可治一切皮膚瘡瘍。

(3) 咬人貓、咬人狗刺傷：用汁擦，可止癢、止痛、消腫。

【注意事項】此植物不宜食用，吃到花穗會造成精神錯亂，對人體亦造成難忍之苦，嚴重者死亡，全株均具毒性。

月桃

Alpinia zerumbet (Pers.) Burtt & Smith

【科　　別】薑科

【別　　名】玉桃、良薑、艷山薑。

【植株形態】多年生草本，莖直立(葉鞘互色所形成之假莖)，高約1～2公尺。葉長披針形，全緣，但葉緣有細毛，葉互生。地下莖如薑，於初夏自莖部通過假莖中心抽出花梗及花穗，花冠白色，萼鐘狀，裂片橢圓形，唇瓣較大，中間外緣為黃色，內向為紅色。子房密生細毛。蒴果球形，具稜，熟時橘紅色，頂具宿萼。

【生態環境】臺灣全島山野皆可生長，耐陰性強，適砂質或腐質土質，黏質土則發育不良，耐旱性強。

【使用部位】根莖、種子。

【性味功能】性溫，味辛、澀，無毒。能燥濕祛寒、除痰截瘧、健脾暖胃，可治心腹冷痛、胸腹脹滿、痰濕積滯、嘔吐、腹瀉等。

【經驗處方】(1) 月桃的成熟種子(藥材稱本砂仁)是芳香健胃劑，為製造仁丹之主要材料。

(2) 治中風：月桃地下莖與牛筋草加半酒，水煎浴。

(3) 葉具特殊芳香，可作為包飯或包粽子的材料。

(4) 治黃疸：月桃頭2兩和瘦肉，半酒水燉服。

【成分分析】葉子及根莖含有豐富的芳香精油。

薑

Zingiber officinale Roscoe

【科　別】薑科

【別　名】薑母、薑仔。

【植株形態】多年生宿根性草本，根細小，莖高50～100公分，地下根莖肥厚成塊狀，肉質橫走，多分枝，具芳香及辛辣味。葉互生2列，基部常相互抱莖，無柄，葉片披針形，全緣，無毛。花莖自根莖長出，穗狀花序橢圓形，花苞覆瓦狀排列，苞片卵圓形，綠白色，背面綠黃色，花萼管狀，花冠乳黃色或綠黃色，裂片3，披針形，花被黃白色斑點，花期7～9月。蒴果成熟3裂，種子黑色。

【生態環境】本地區平野山坡地、庭園栽培，塊莖分芽繁殖。

【使用部位】地下塊莖或根莖。

【性味功能】性溫，味辛。能發表、散寒、止嘔、開痰、健胃、解毒、消瘀、利濕，可治感冒、嘔吐、下痢、食肉中毒、痰飲、喘咳、消化不良、心氣痛、風濕痛、霍亂、崩漏等。

【經驗處方】(1) 嘔吐：老薑絞汁加鹽服，特效。

(2) 風寒感冒：老薑切片煮黑糖服。

(3) 食肉中毒：老薑絞汁，或煎湯加黑糖服。

【成分分析】本品含澱粉、桉葉油精、薑酚、樟腦萜、水茴香萜、薑油萜等。

葛鬱金

Maranta arundinacea L.

【科　　別】竹芋科

【別　　名】竹芋、粉薯、金筍、林藷。

【植株形態】多年生草本，鬚根，莖柔弱，2叉狀分枝，地下莖肉質呈塊狀，多節而尾端漸尖，外被黃褐色薄籜。葉互生，卵狀長橢圓形或卵狀披針形，長約15～25公分，寬約4～10公分，全緣，葉柄基部鞘狀，葉鞘抱莖。秋季開花，頂生，花白色，由細長花梗生出。

【生態環境】本地區可見庭園栽培，以地下莖繁殖。

【使用部位】塊莖(地下鱗莖)。

【性味功能】性微寒，味甘。能清肺、止渴、涼血、破瘀、解毒、減肥，可治肺熱咳嗽、胸悶脅痛、胃腹脹痛、消化不良、尿酸過高、便秘等，另可散肝鬱、下氣、清除腸內毒素。本植物的地下莖是製造太白粉之原料，能生津止渴、清熱除煩。

【經驗處方】(1) 消化不良：地下莖洗淨，加鹽煮熟當食品吃。

(2) 清除腸內毒素：地下莖洗淨，煮炒當食品吃，吃後易把體內毒素排出體外。

(3) 中暑：粉1兩加熱水3碗沖泡，加黑糖5錢攪拌溶解後服。

(4) 胃酸過多：粉5錢加生牡蠣2兩煮吃。

(5) 青春痘：塊莖4兩加冰糖，水煎服。

【成分分析】塊莖含黃色素、揮發油、澱粉等。

金線蓮

Anoectochilus formosanus Hayata

【科　　別】蘭科

【別　　名】鴟雞草、藥王、紫背金線、臺灣藥虎。

【植株形態】多年生小草本，植株高約10～20公分，全株肉質，莖斷則易生分枝。葉互生，具柄抱莖，葉片卵或圓卵形，全緣，主脈5條，網狀支脈，銀白色或黃金色，先端突尖，基部圓形，長約3～4公分，寬約2～4公分，葉背暗紅近紫色。總狀花序有抽高之花軸，花軸具短毛，苞片2～3枚，花冠白色至乳黃。花粉黃色，花柱較短，柱頭2歧。花期於海拔1800公尺左右則10～12月開，而海拔500～800公尺則11月～次年1月開花，果期約於花謝後1個月，即11～次年2月間。

【生態環境】金線蓮對土質較苛求，需具有肥量高的良壤(不可以用化學肥)，透氣性好但具含水性，較陰涼有濕氣霧氣佳。因此在自然界裡，它大多生長在大樹下，且都在稜線附近多風之處，有機質高的地方。

【使用部位】全草，鮮用、浸酒或曬乾均可。

【性味功能】性平，味甘。能益五臟、涼血、活血、固肺、補腦、降血壓、強壯涼補，且能和諸藥配伍，使諸藥之藥性增強而加速療效。可治肺癆咯血、糖尿病、支氣管炎、腎炎、膀胱炎、小兒驚風、毒蛇咬傷等。

【經驗處方】(1) 腦震盪後遺症：白天吃金線蓮粉或汁，晚上服鹿茸粉。

(2) 體虛面白：用鮮品約5～6錢、黨參1兩，燉赤肉服。

(3) 高血壓、糖尿病：鮮品榨汁加蜂蜜，放入冰箱冷

藏，早午晚各服20c.c.。

(4) 鬱傷、咳嗽、肺部緊迫不舒暢：全草1兩左右與冰糖共煎服。

(5) 氣血雙虛：金線蓮鮮品(野生的)12兩，稍曬軟了就好，用6瓶米酒、2瓶高粱酒浸泡21天後，晚上臨睡一小杯保健。

【注意事項】上山採金線蓮要注意，有金線蓮的地方，大致會出現百步蛇，要注意安全，不要只看到金線蓮而忽略了百步蛇就在您身邊。金線蓮為臺灣藥虎，用量最多勿超過2兩(鮮品)，否則將來服用其他藥物時，可能功能會降低，療效不彰。

參考文獻

(依作者或編輯單位筆劃順序排列)

* 甘偉松，1991，藥用植物學，臺北市：國立中國醫藥研究所。

* 白昕平、黃卓治，2004，臺灣原生土肉桂葉揮發性成分之研究，屏東科技大學食品科學系92學年碩士論文。

* 林宜信、張永勳、陳益昇、謝文全、歐潤芝等，2003，臺灣藥用植物資源名錄，臺北市：行政院衛生署中醫藥委員會。

* 邱年永，2004，百草茶植物圖鑑，臺中市：文興出版事業有限公司。

* 邱年永、張光雄，1983～2001，原色臺灣藥用植物圖鑑(1～6冊)，臺北市：南天書局有限公司。

* 洪心容、黃世勳，2002，藥用植物拾趣，臺中市：國立自然科學博物館。

* 洪心容、黃世勳，2004～2010，臺灣鄉野藥用植物(1～3冊)，臺中市：文興出版事業有限公司。

* 高木村，1985～1996，臺灣民間藥(1～3冊)，臺北市：南天書局有限公司。

* 國家中醫藥管理局《中華本草》編委會，1999，中華本草(1～10冊)，上海：上海科學技術出版社。

* 張憲昌，1987～1990，藥草(1、2冊)，臺北市：渡假出版社有限公司。

* 黃世勳，2009，臺灣常用藥用植物圖鑑，臺中市：文興出版事業有限公司。

* 黃世勳，2010，臺灣藥用植物圖鑑：輕鬆入門500種，臺中市：文興出版事業有限公司。

* 黃冠中、黃世勳、洪心容，2009，彩色藥用植物圖鑑：超強收錄500種，臺中市：文興出版事業有限公司。

* 臺灣植物誌第二版編輯委員會，1993～2003，臺灣植物誌第二版(1～6卷)，臺北市：臺灣植物誌第二版編輯委員會。

* 鍾錠全，1997～2008，青草世界彩色圖鑑(1～3冊)，臺北市：三藝文化事業有限公司。

外文索引

Canavalia ensiformis (L.) DC. / 66

Cassia tora Roxb. / 68

Catharanthus roseus (L.) G. Don / 112

Celosia argentea L. / 46

Chamaesyce hirta (L.) Millsp. / 78

Chamaesyce thymifolia (L.) Millsp. / 80

Chenopodium ambrosioides L. / 38

Chenopodium formosanum Koidz. / 40

Cinnamomum osmophloeum Kaneh. / 48

Cissus repens Lam. / 98

Clausena excavata Burm. f. / 86

Cleome gynandra L. / 54

Clinopodium chinense (Benth.) Kuntze / 128

Coleus scutellarioides (L.) Benth. / 130

Cordyline fruticosa (L.) A. Cheval. / 188

Cymbopogon citratus (DC.) Stapf / 198

[D]

Dicliptera chinensis (L.) Juss. / 154

Duchesnea indica (Andr.) Focke / 60

[E]

Ecdysanthera rosea Hook. & Arn. / 114

Eclipta prostrata L. / 172

Eleusine indica (L.) Gaertner / 200

Equisetum ramosissimum Desf. subsp. *debile* (Roxb.) Hauke / 26

Eriobotrya japonica Lindley / 62

[M]

Maranta arundinacea L. / 222

Mesona chinensis Benth. / 134

Mikania cordata (Burm. f.) B. L. Rob. / 178

Mimosa pudica L. / 72

Miscanthus floridulus (Labill) Warb. *ex* Schum. & Laut. / 206

Mussaenda parviflora Matsum. / 118

[N]

Nothapodytes foetida (Wight) Sleum. / 96

[O]

Oxalis corniculata L. / 76

[P]

Paederia foetida L. / 120

Pennisetum alopecuroides (L.) Spreng. / 208

Perilla frutescens (L.) Britt. / 136

Phyla nodiflora (L.) Greene / 126

Phyllanthus urinaria L. / 84

Physalis angulata L. / 146

Piper betle L. / 52

Plectranthus amboinicus (Lour.) Spreng. / 138

Pogonatherum crinitum (Thunb.) Kunth / 210

Polygonum perfoliatum L. / 32

Pratia nummularia (Lam.) A. Br. & Asch. / 162

Prunella vulgaris L. / 140

中文索引

(依筆劃順序排列)

台東藥草蔬菜生產基地

琢磨品嚐自然原味

來台東原生應用植物園吹吹風吧~~~

入園資訊 0800-385-858
http://www.yuan-sen.com.tw
台東縣卑南鄉明峰村試驗場8號(台九線362k)

探索東台灣珍貴植物知性之旅
Explore the intellectual discovery of precious flora in East Taiwan.

草本植物雷公根萃取而成，不油膩好推拿，可舒緩您一整天的疲勞，是您居家必備的良伴。

商品諮詢專線0800-385-858
http://www.yuan-sen.com.tw/store/

採本園栽種無污染草本植物，運用生物科技技術製成，有別一般中藥燉品口味，是您不可錯過的養生湯品。

商品諮詢專線 0800-385-858
http://www.yuan-sen.com.tw/store/

瑞士刀
(神奇小幫手)

植物圖鑑和筆記本
(隨時對照並作紀錄用)

鉛筆和橡皮擦
(作筆記用的)

超炫墨鏡
(遮陽,順便耍帥)

遮陽帽
(山上有時太陽也很大的)

耐用的手套
(總是會遇到不友善的植物嘛!)

塑膠袋
(可裝採集來的戰利品)

超容量的背包
(愛裝什麼就裝什麼)

這玩意兒不用帶
(野外就遇得到)

登山杖
(用來打草驚蛇的)

輕巧的鏟子
(不要拿來炒菜喔!)

小型急救箱
(以備不時之需)

美味麵包
(走累了,就獎賞自己一下吧!)

園藝用的剪刀
(不是剪紙的那一種啦!)

裝滿的水壺
(記得隨時補充水分哦!)

切 記

1.別噴香水出門,以防惹來蚊蟲。
2.採集時請手下留情,務必留根留種。
3.注意環保,不可亂丟垃圾。

本頁圖形文案由文興出版事業有限公司提供
著作權所有‧翻印必究

臺東地區藥用植物圖鑑 (NC002)
Illustration of Medicinal Plants in Taitung

出版者	臺東縣藥用植物學會
會址	950臺東市四維路3段238號
電話	(0933)642812 (理事長 / 李興進)
	(0921)203569 (總幹事 / 吳茂雄)
傳真	(089)226199
共同出版者	文興出版事業有限公司
地址	407臺中市西屯區上安路9號2樓
電話	(04)24521807
傳真	(04)22939651
E-mail	wenhsin.press@msa.hinet.net
	wenhsin.press@gmail.com
網址	http://www.flywings.com.tw
發行人	李興進
總編輯	吳茂雄
編輯委員	李興進、鍾國慶、李明義、吳茂雄、陳進分
	陳清新、徐元嬌、謝松雄、鍾華盛、呂縉宇
	黃小三、林忠明、劉昌榮、陳忠和
審校	鍾錠全、黃世勳
美術編輯	呂姿珊、賀曉帆
總經銷	紅螞蟻圖書有限公司
地址	114臺北市內湖區舊宗路2段121巷28號4樓
電話	(02)27953656
傳真	(02)27954100
初版	中華民國九十九年十一月
定價	新臺幣500元整
ISBN	978-986-86817-0-5

本書內容部分圖文，感謝黃世勳博士授權使用。

臺東地區藥用植物圖鑑 / 吳茂雄總編輯. —初版.
— ：東縣藥用植物學會，民 99.11
　　面：　　公分
含參考書目及索引
ISBN 978-986-86817-0-5（精裝）
1.藥用植物 2.植物圖鑑 3.臺東縣

376.15025　　　　　　　　　　　99023219